JN240790

季節の花で手軽に作る

美しく魅せる
ナチュラル
ドライフラワー

Rint-輪と　吉本博美

家の光協会

はじめに

　ナチュラルドライフラワーは、生花のような自然で美しい色と質感が楽しめるドライフラワー。

　水がいらないドライフラワーなら、小さな空間でも自由に花を飾れて、アイデア次第ですてきに彩ることができます。

　生花よりずっと長く楽しめるのも、ドライフラワーならでは。花だけでなく、葉や茎もすべてを無駄にせず、自然に寄り添うナチュラルドライフラワーなら、数本の花を飾るだけでも、心に残る花あしらいができます。

　本書には、はじめて作る方から親しみがある方まで、季節の花を身近に楽しんでいただける幅広いアイデアをたっぷりと詰め込みました。花のある心豊かな日々になりますよう、ご活用いただけたらうれしいです。

Rint-輪と　吉本博美
Hiromi Yoshimoto

花と緑であふれ、四季折々に
美しい庭に囲まれたアトリエ。

自然な花や葉を生かして、ほんのひと手間で、特別なものに

庭の花や葉ですぐ作れるものから、下準備して乾かしてから作るもの、ちょっと手の込んだものまで、楽しいアイデアのあるドライフラワーのアレンジメントを豊富に集めました。まずは小さなものからはじめてみましょう。

Contents

[本書の使い方]

＊植物の大きさや花つきには個体差があるため、アレンジ製作の際の花材の量は目安としてください。
＊植物データについては、関東平野部以西を基準にしています。

1章はナチュラルドライフラワーとは何か、その作り方や用具、管理方法などを豊富な写真で解説しています。
2章では、バラエティ豊かなアレンジメントの実例と、その作り方をていねいに紹介しました。はじめてドライフラワーのアレンジメントを作るときは、やさしくて材料をそろえやすいものから作ってみることをおすすめします。
3章はナチュラルドライフラワーにおすすめの植物の生花の状態と仕上がった時の写真を掲載。主なデータや特徴と乾かし方のアドバイスを紹介しました。なお、科名などは分類生物学の成果を取り入れたAPG分類体系に準拠しています。

1章

ナチュラル
ドライフラワー
の作り方

自然な色を凝縮した美しい色と、
自然な表情がある
ナチュラルドライフラワー。
生花との違いや、
その特徴や作り方を詳しくご紹介します。

アトリエで乾燥中の花たち。色とりどりのバラやラナンキュラスを吊り下げて乾燥させ、ナチュラルドライフラワーに仕上げる。

ナチュラルドライフラワーとは

乾燥しているとは思えないほど色鮮やかで、そこで咲いているかのような表情があるのが、ナチュラルドライフラワー。季節ごとに咲く花がどんなふうになるのか、見てみましょう。

3つの特徴

バラ
'インフューズドピンク'

凝縮された美しい色彩

水分が減るため、
生花の色素が凝縮されて
深みを帯びた鮮やかな色になります。

ラークスパー
'カンヌ系'

咲いているような表情

花の向きや
茎のしなり具合など、
立体的に咲いている姿を
思わせる表情があります。

タンキリマメの
実と葉、つる

シロタエギク
'ニュールック'の
葉と茎

葉や茎、実も無駄なく生かす

花の部分だけではなく、
葉や茎も無駄なく使います。
また、果実やタネなども生かします。

［早春から春］

1 クリスマスローズ
2 ラナンキュラス'エシレ'
3 ラナンキュラス'YK ブルー'
4 アネモネ'デカンローズ'
5 八重咲きユキヤナギ
6 スイートピー'リリー'
7 八重咲きコデマリ

［初夏から夏］

1 ニゲラ ' ペルシャンジュエル '
2 シャクヤク ' 白雪姫 '
3 ルリタマアザミ ' ヴィッチーズブルー '
4 ラークスパー ' カンヌ系 '
5 オオムギ
6 バラ ' プライムチャーム '
7 ヒマワリ ' ゴッホのひまわり '
8 アジサイ

［秋から冬］

1 リンドウ（エゾリンドウ系 紅花）
2 センニチコウ ' シスター '
3 ワタの実
4 ダリア 'NAMAHAGE REIWA'
5 ケイトウ（久留米系）
6 バラの実
　' センセーショナルファンタジー '
7 トウガラシ

［通年と海外産］

1 リューカデンドロン ' ピサ '
2 イモーテル ' バニラ '
3 シンカルファ
　（エバーラスティング）
4 レモンリーフ
5 ピンクッション ' タンゴ '
6 スターチス 'HANABI'
7 丸葉ユーカリ
8 ワイヤープランツ

生花とナチュラルドライフラワーの違い

生花とナチュラルドライフラワーは、どのような違いがあるのでしょうか。
同じ花瓶や器を使い、同じ植物を同様の配置にして比較してみました。

［ 花瓶に生ける ］

同じガラスの花器に、バラ、ニゲラ、西洋ナズナの3種類を使って、できるだけ同じ配置で生けてみました。

Aの生花は華やかでボリュームがありますが、同じ状態で観賞できるのは3日～1週間ほどで、毎日の水替えや切り戻しが欠かせません。

Bのナチュラルドライフラワーは自然な色が凝縮して濃くシックになり、花の向きや茎と葉に表情があります。水や手入れは不要で、約1年間は飾れます。

西洋ナズナ

バラ
'レイロウ！'

ニゲラ
'ペルシャンジュエル'

水が必要
毎日の水替えと
切り戻し

水は不要
手入れも不要

A　一般的な生花

誰にでも生けやすい、主役のバラ、サブのニゲラ、動きを出す西洋ナズナの組み合わせ。生花ならではの華やかさがある。

B　ナチュラルドライフラワー

生花と同じ植物をナチュラルドライフラワーで生けた。ほぼ同じ本数で同様の配置に。乾くと縮むため、西洋ナズナは本数を増やして動きをプラス。

［ ブリキの器に生ける ］

同じブリキ製の器にフローラルフォームを詰めて、それぞれ5種類の花材を選んで挿したアレンジメントです。

Aの生花は、水漏れしないように内側にビニールを敷き、吸水させたフローラルフォームに5種類の植物を生けています。このまま楽しめるのは3〜5日ほどで、水が切れれば茶色くなって枯れます。

Bのナチュラルドライフラワーは、しっかりと乾かした花材を、それぞれの花の深い色合い、表情や花形を生かして、生花と同様の配置で生けました。フローラルフォームは乾いたまま使用します。このまま約1年は観賞できて、手入れは不要です。自分で乾かした花材を使うと、愛着もひとしおです。

ラークスパー'カンヌ系'

エリンジウム'オリオン'

ヒペリカム'マジカルトリンプ'

セルリア'ブラッシングブライド'

シロタエギク'シルバーダスト'

水は不要
フローラルフォームは乾いたまま中に入れる

水が必要
ビニールを敷き、フローラルフォームを吸水させて中に入れる

A 一般的な生花のアレンジメント

はじめてでも生けやすい、主役のセルリア、サブのエリンジウムとヒペリカム、ベースとなるシロタエギク、動きを出すラークスパーの組み合わせ。

B ナチュラルドライフラワーのアレンジメント

生花と同じ植物をナチュラルドライフラワーで生けた。ほぼ同じ本数で同様の配置に。ヒペリカムは乾くと実が黒くなる。ラークスパーは少し長いものを使ってアクセントと動きをプラス。

ナチュラルドライフラワーを作るポイント

特別な道具や設備がなくても、
ナチュラルドライフラワーは自宅で
きれいに作れます。
ポイントを押さえて、家庭にある
身近なものを利用して作ってみましょう。

もっともよい状態で、きれいに咲いている花を使う

販売されている生花は、つぼみが咲きかけた状態が多いものです。きれいなドライフラワーにするには、十分に開花して、花弁がよく開いた状態まで咲かせてから乾燥させるのがポイントです。

バラやラナンキュラスなどの花弁が多い花は特に、写真の状態くらいまで咲かせてから乾燥させる。

シャクヤクは、つぼみの状態で購入した場合も、写真の状態まで開花させてから乾かす。

水をたっぷりと吸わせて適切な状態にする

つぼみの状態で購入した切り花は、水揚げして十分に水を吸わせるのがポイントです。バケツや深めの花器などに水をたっぷりと入れ、水の中で茎を切って、そのまま1〜2時間は放置し、水分を全体に行き渡らせます。このひと手間で仕上がりが変わります。

購入してきたばかりのバラ。水切りしてしっかり水を吸わせる。水が揚がらないときれいに咲かない。

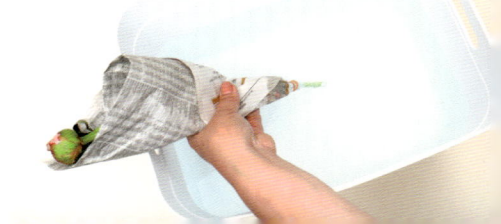

シャクヤクのつぼみは、下処理をしてから十分に水が揚がらないと開花しない(P.19参照)。

［乾燥のコツ］

＊花によって完全に乾くまでの時間が異なる。
詳しくは図鑑のページ参照。

風がよく通るように
花を扇状に広げ、束ねて吊るす

花や葉の間に風が通るように、十分に間隔をあけて扇状に束ね、特に花と花の間は広く離して輪ゴムで束ねます。このようにすると1本1本の花に自然な向きや表情ができるため、乾いた時には、よりナチュラルで庭や野原に咲いているような雰囲気が出ます。

よく咲かせたラナンキュラスを輪ゴムで束ねて風通しよく吊るした状態。

エアコンや除湿機
サーキュレーターを使う

家庭でナチュラルドライフラワーを作るのに欠かせないのが、エアコンやサーキュレーター、扇風機。乾いた風が吹き出してくるので、エアコンから少し離したところにハンガーや突っ張り棒、麻ひもなどを使って花を吊るします。補助的に除湿機を使うと、さらにきれいに乾きます。

エアコンの吹き出し口から少し離れたところに、突っ張り棒を取り付けてハンガーに花をかけて乾かす。エアコン用の洗濯物ハンガーも便利。

たくさんの花を乾かしたい時は特に、サーキュレーターで風を送ると、きれいに乾燥する。

直射日光や湿気を
避けられる場所で
花を乾かす

生花を美しい色に乾燥させるには、直射日光の当たらない室内や、室内の窓から少し離れた場所が適します。直射日光が当たると色あせしやすく、また高温になると花が蒸れで傷み、茶色く変色することがあるので気をつけましょう。

室内の半日陰の場所にポールを取り付け、ハンガーで花を吊るして乾かす。

窓から離れ、直射日光が当たらないエアコンの近くで、麻ひもを張って花を吊るして乾かす。

ナチュラルドライフラワーを作る用具

色鮮やかなナチュラルドライフラワーを作るために、花や葉を乾かす用具を紹介します。
麻ひもやピンなどは、100円ショップでも入手できます。

［ 用具など ］

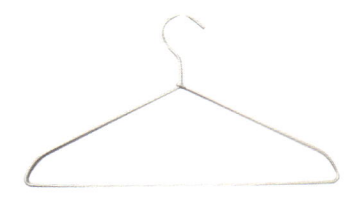

ハンガー

軽いアルミ製のほか、木製やコーティングしてあるものでもよい。花を吊るして乾燥させる。

花切りバサミ

水揚げする際に水の中で枝や茎を切るので、セラミック製などの錆びにくい素材がおすすめ。

輪ゴム

花の茎や枝を束ねて吊るすために使用。乾燥すると茎が細くなるが、輪ゴムだと抜けにくい。

麻ひも

家の中に花材を吊るして乾かす時に。ピンやフックに引っ掛けて使用する。

S字フック

束ねた花材を吊るす時に便利。ステンレスやアルミなどの軽くて丈夫なものがおすすめ。

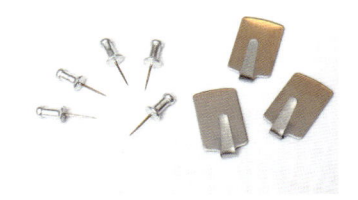

ピンやフック

室内に花を吊るして乾かす時に、麻ひもを張るために取り付ける。生花は意外に重いため、ある程度の強度のものを。

［ 電気製品 ］

サーキュレーター

エアコンと併用して風を送ると早くきれいに乾燥できる。

エアコン

室内を適温に保ち、吊るした花に乾燥した空気を送るために役立つ。

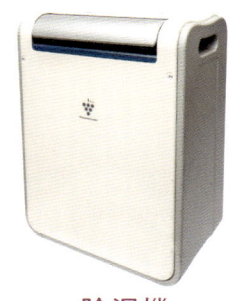

除湿機

日本は湿度が高いため、エアコンと併用して室内の湿度を下げると、早くきれいに花が乾燥する。

花材の準備

美しくて生き生きとした表情があるナチュラルドライフラワーを作るために、
適した収穫の仕方や花の水揚げの手順、木の実の乾かし方を紹介します。

庭の花を収穫する場合

庭で咲いた花でナチュラルドライフラワーを作るには、まず、きれいに開花した時に収穫することが大切です。春から秋までの気温が高い時期は、午前中早めの時間に切りましょう。茎はできるだけ長くつけ、切り口が斜めになるようにします。

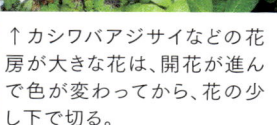

↑カシワバアジサイなどの花房が大きな花は、開花が進んで色が変わってから、花の少し下で切る。

←ニゲラの実を収穫する時は、ふっくらとした実を選び、できるだけ茎を長くつけて切る。

［切り花の水揚げ］

購入した切り花の水揚げは、きれいに花を咲かせたり、
花を長もちさせるために欠かせない作業です。
庭で咲いた花を収穫した時も、同じように水揚げしてください。

1 購入したバラなどの花材は、まず、下の方の葉を3〜4枚取り除く。葉も使うので、すべて取らないように注意。

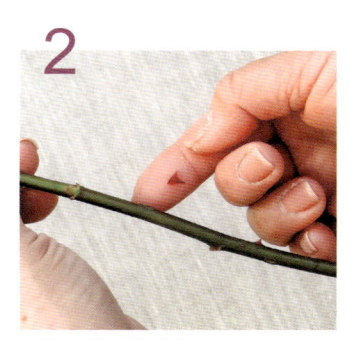

2 バラにはトゲがあるので、トゲを指で側面から押して取り外す。パリッときれいに取れる。

3 深めのバケツなどに水をたっぷり張り、茎を水の中に入れる。水中に茎が浸った状態でハサミを水の中に入れ、茎を2〜3cm切る。

4 茎ができるだけ長く水に浸るようにして、1〜2時間そのまま水を吸わせる。葉はできるだけ水に浸さない。

［木の実の乾燥］

庭や野山で収穫した木の実は、
汚れやゴミがついているため、
下処理をします。

1 流水で木の実を洗い、ゴミを取り除く。ザルなどに重ならないように広げ、天日でよく乾かす。

2 食品保存用袋に入れ、冷凍庫に10日以上入れておくと防虫効果がある。その後自然解凍して再度乾燥させる。

花材の切り分けと束ね方

きれいなナチュラルドライフラワーを作るには、短時間で効率よく花材を乾かすのがコツ。
種類ごとに、乾燥させる前の花材の切り分け方や束ね方、乾かし方を紹介します。

［ 枝ものの切り分け方（スモークツリー）］

十分に開花したスモークツリーの枝。小分けにすると、絡まずきれいに乾燥する。

枝ものと呼ばれる花木などの花材は、
長いままだと乾燥しにくいため、
枝のつけ根にハサミを当てて適度な長さに切り分けます。
切り分けすると、よく乾きます。

1

特に長い3本を切る

枝を回して、枝のつき方がわかる位置を表側にする。分枝している太くて長い枝のつけ根にハサミを入れて切る。

2

1組み　1組み

1本の枝を2組みに切り分けたところ。これを1組みずつまとめて吊るし、乾かす。切り分けた場合の束ね方は右ページを参照。

［ 下葉の落とし方（ヒペリカム）］

葉や茎も使用するナチュラルドライフラワーでは、
下葉をどのくらい落とすのかということもポイントです。
すべての花材の下準備に共通します。

切り花として購入したヒペリカム。ある程度は下の方まで葉がついている。

1

下から3枚くらいの葉を、つけ根から取り除く。できるだけ茎に葉や葉柄を残さないようにする。全長の2分の1程度まで葉を落とす。

2

下葉を取り除いた枝。ほかの花材も同様に下葉を取り除く。

草花の切り分け方と束ね方（エリンジウム）

宿根草や茎のしっかりした切り花に多い、
1本の茎に数輪の花が咲くタイプの花の切り分け方と束ね方を紹介します。

1

購入したままの状態のエリンジウムの切り花。

2

下の方から、枝分かれしているところのつけ根にハサミを入れて切る。

3

上の方の2つの花はそのまま残し、先に切った2本の長さに合わせて太い茎を切り戻す。

4

切り分けが終わり、2組みに切り分けたところ。これを1組みずつまとめて吊るし、乾かす。

5

先に切った2本の細い茎を束ね、1本の茎に輪ゴムをかける。

6

片手で茎をしっかり持ち、輪ゴムをかけたところを支点にして外側からぐるぐる輪ゴムを巻く。

7

茎が抜けない強さに輪ゴムを巻き終えたら、茎に輪ゴムの端をかけて固定する。

8

3で切り戻した茎はそのまま乾かす。これで切り分けと花材の束ねができた。

小花の切り分け方と束ね方（ハイブリッドスターチース）

細い茎がたくさん分枝している、小花が咲く花材の切り分け方と束ね方を紹介します。
まとめた時に、同じくらいの長さと花数になるように切り分けます。

1

購入したままのハイブリッドスターチース。このままだと乾燥に時間がかかる。

2

特に太くて長い茎を切る

下の方から、太くて長く枝分かれしている茎のつけ根にハサミを入れて切る。

3

上の方の細くてまとまっている部分はそのまま残し、先に切った2本の長さに合わせて太い茎を短く切り戻す。

4

1組み
1組み

1本の枝を2組みに切り分けたところ。これを1組みずつまとめて吊るし、乾かす。

5
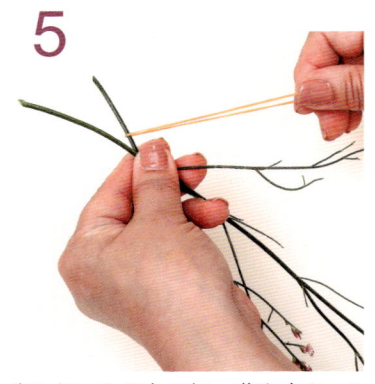

先に切った2本の細い茎を束ね、1本の茎に輪ゴムをかける。

6

片手で茎をしっかり持ち、輪ゴムをかけたところを支点にして外側からぐるぐる輪ゴムを巻く。

7

茎が抜けない強さに輪ゴムを巻き終えたら、茎に輪ゴムの端をかけて固定する。

8

3で残した1本の花材はそのまま乾かす。これで切り分けと花材の束ねができた。

1組み

1組み

［ ラベンダーの下処理と束ね方 ］

ドライフラワーにしてもよい香りが長もちする、人気のラベンダー。
きれいに乾かすための下処理と束ね方を紹介します。

1

切って用意したラベンダー。
これから下処理をしていく。

2

下から2分の1くらいまでの葉を
つけ根から取り除く。束ねる部分
には葉がない方が乾きやすい。

3

手で束ねて持ち、長さ
を切りそろえる。

4

2〜3本の茎に輪ゴム
をかける。

5

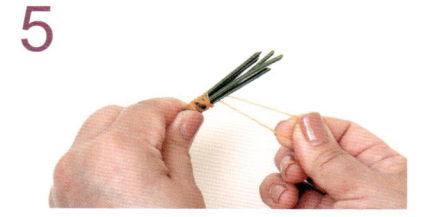

片手で茎をしっかり持ち、輪ゴムをかけた
ところを支点にして、茎がゆるまない強さ
に外側からぐるぐる輪ゴムを巻く。

6

茎の先から輪ゴムをかけ
て留める。

7

もう1組みも同様に輪ゴムをかけて束ね
る。これで2組みの下処理と束ねができ
た。

［ シャクヤクのつぼみの処理 ］

切り花が硬いつぼみの状態で売られていることが多いシャクヤク。
つぼみをきれいに咲かせるために、下処理をします。

1

シャクヤクはつぼみにベタベタした蜜がつ
いているため、そのままでは開花しにく
い。バケツなどにたっぷり水を張り、何回
かつぼみを浸けて指でやさしく洗い流す。

2 水中で茎を斜めに切る

茎を水の中に浸し、ハサミも水に入
れて水中で茎を2〜3cm切り戻す。
この時、茎を斜めに切るのがポイン
ト。

3

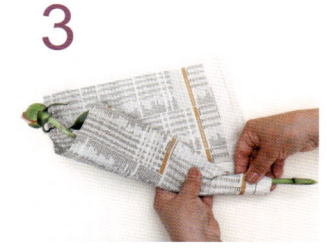

2を新聞紙でやさしく包む。こ
うすると開花に必要な適度な
湿度が保たれる。

4

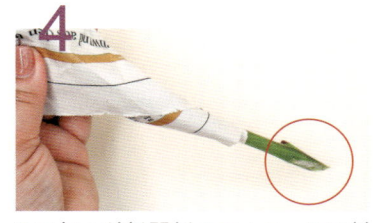

3で包んだ新聞紙の下から、2で斜
めに切った茎の切り口が少し見える
ようにする。

5

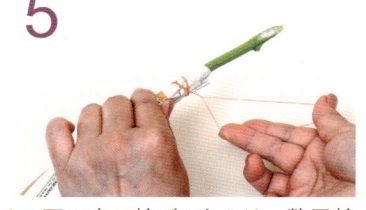

4の下の方に輪ゴムをかけ、数回輪
ゴムを巻いて新聞紙を固定する。

6

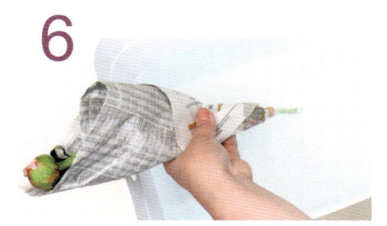

たっぷりと水を張ったバケツに5を茎
の約2分の1まで浸し、半日くらい半
日陰に置くと少しずつ開花してくる。

花材の吊るし方・乾かし方

花材ごとに下準備ができたら、吊るして乾かしましょう。
主なタイプの花材の乾かし方をわかりやすく説明します。

↑花材をたくさん吊るす場合、できるだけ花が重ならないように間隔をあけ、サーキュレーターなどで風通しをよくする。

←フックやピンを使って麻ひもを張り、エアコンの風が当たる場所に花材を吊るすと早くきれいに乾燥する。

［ シャクヤクを乾かす ］

花弁が多く、乾燥に時間がかかる
シャクヤクには、乾かし方のコツがあります。

1

シャクヤクを2本左手に取り、花が重ならないように先端を広げて茎を交差させ、1本の茎に輪ゴムをかける。

2

外側から輪ゴムをぐるぐると巻きつけて、茎が抜けない強さに縛る。

3

1本の茎に輪ゴムを引っ掛けて固定する。

4

花と花が重ならず、扇形に開くように調節する。

5

ハンガーの間に、片方の花を静かに入れて引っ掛ける。

6

間を離す

同様にもう1組みの束ねたシャクヤクを、間隔をあけてハンガーにかける。この状態でハンガーごと吊るし、乾燥させる。

［ エリンジウムを乾かす ］

P.17で束ねたエリンジウムを乾かします。

1

ハンガーの間に、片方の花を静かに入れて引っ掛ける。

2

もう1本の方は、枝分かれした茎の股でハンガーをはさんで吊るす。

［ ハイブリッドスターチースを乾かす ］

P.18で束ねたハイブリッドスターチースを乾かします。

1

枝分かれした茎の股の間にやさしくハンガーをはさんで吊るす。

2

束になっている方は手で押さえて2分の1くらいに茎を分け、片方をハンガーの中に入れて吊るす。

花材の乾燥の見極め

しっかり乾燥したかどうかは、アレンジメントの仕上がりを左右する大切なことです。
吊るした花材が十分に乾燥したかを見極めるには、花材のタイプによってコツがあります。

花材のタイプによる
見極めのコツ

大きな花は乾燥までにやや時間がかかります。中心部までよく乾いたら、花首が固定して動かなくなります。そっと触ってぐらぐら動いたら、まだ乾ききっていないサインです。

花は小さくて花穂が長い場合も、乾燥に時間がかかります。花穂の先端をそっと触り、動かなければ乾燥できているサインです。

ラナンキュラスの乾燥

× 触ると花首がぐにゃっと曲がる。

○ 花に触れても、茎から花首までが動かない。

デルフィニウムの乾燥

× 先端の花がぐらぐら動く場合は、まだ先端まで乾いていない。

○ 先端の花首がしっかりしていて動かない。

先端まで乾くのに
時間がかかるため、
注意する花材

アネモネ、アリウム、
デルフィニウム、ラークスパー、
ラナンキュラス、ガーベラ、
ダリア、マリーゴールド、
ユーカリの新芽 など

ユーカリの葉は、
先端部を切り戻す

ユーカリは先端部の葉が乾きにくく、先が縮れやすいので注意します。吊るした上部が半分くらい乾いたら、縮れた部分をハサミで切り落とし、再び乾燥を続けるときれいに仕上がります。

数日吊るして乾燥しているユーカリ。先端が縮れてきた。

縮れた先端部を切り落とし、乾燥を続ける。

生花からアレンジメントを作る

ナチュラルドライフラワーは、生花を乾かしてから
アレンジメントを作るのが基本ですが、
花材の種類や作るアレンジメントの形によっては、
生花から作った方が手軽にできる場合もあります。

枝ものやつる性植物、アジサイの仲間などは生花から

ユーカリやカシワバアジサイなどの枝もので乾くと硬くて折れやすいもの、ヘクソカズラなどのつる性植物などは、生花の状態の方が自由に成形しやすく手軽で、初心者でもきれいに作れます。おすすめのデザインはリースで、シンプルなデザインで花を重ねすぎないタイプなら、飾っている間に乾いてきれいに仕上がります。また、紅葉した葉は、紅葉する過程で水分が抜けていくので、そのままアレンジメントに使えます。葉や茎全体がシルバー系の毛や皮で覆われているものも、シンプルなデザインなら成形してから乾かすことができます。

生花からアレンジメントにできる花材

ミモザの仲間、ユキヤナギの仲間、コデマリの仲間、
アイビー、ユーカリの仲間、ベアグラス、
カシワバアジサイ、ミナヅキ、イチョウ、カツラ、
シロタエギク、タンキリマメ、ヘクソカズラ、ホップの仲間 など

生花のまま、つるを丸めてリースを作り、できたものを乾かして仕上げたヘクソカズラのリース。

［ ヘクソカズラを生花からリースに ］

つる性植物は、乾燥すると丸めにくいので、生花の状態で形作り、
風通しのよい場所で飾りながら乾かして仕上げます。

1

つるを3〜4本束ねて左右から丸めて輪にし、端を中に入れて絡めながらまとめる。

2

二つ折りにしたワイヤーを、つるの重なりが多いところに2〜3回巻きつけてからねじって固定する。

3

ワイヤー

コットンヤーン100cmを二つ折りにして、ワイヤーの反対側のつるに結び、吊るしながら乾かして仕上げる（→P.36）。

［ユーカリを生花からリースに］

ユーカリなどの枝は乾燥してから
まるめようとすると折れてしまうため、
生花の状態でリース状にして、
風通しのよい場所で飾りながら
乾かして仕上げます。

丸葉ユーカリの切り枝（生花）
を長いまま用意する。60〜
80㎝あると作りやすい。

1

下向きに

左右からゆっくりと丸めて、折れな
いように静かに輪にする。下向きに
すると作りやすい。

2

輪を作ったら、太い枝の端に二つ
折りにしたワイヤーを2〜3回巻きつ
け、ねじって固定する。飛び出した
枝は輪の内側に絡める。

3

2のワイヤーの二つ折りにした部分
を開いて輪にし、吊り下げるための
輪を作る。このまま吊るして乾かす。

［カシワバアジサイを生花からリースに］

花穂が長く、枝が太いカシワバアジサイは、
乾燥すると丸めにくいので、生花の状態で形作り、
風通しのよい場所で飾りながら
乾かして仕上げます。

カシワバアジサイ（生花）
は、花が咲き進んで緑
色から紫がかってから
長めに切る。60〜80
㎝あると作りやすい。

1

花を下向きに

枝をゆっくりと曲げながら丸める。花
は下向きにして太い枝の端を押さ
え、少しずつ輪にする。

2

花は下向きに

花穂は下向きのまま、穂の2分の1く
らいのところに二つ折りにしたワイヤー
を巻きつけ、花を巻き込まないように
して2〜3回巻いてからねじって太い
枝の端と固定する。

3

円径の¼

ワイヤー

2のワイヤーの位置から、円径の4
分の1くらいの位置に二つ折りにした
ワイヤーを枝に巻きつけてねじり、輪
を開いて吊り下げるための輪を作る。
このまま吊るして乾かす（→P.36）。

アレンジメント作りの用具

ナチュラルドライフラワーでアレンジメントを作るための用具や資材を紹介します。
P.111で紹介している専門店のほか、100円ショップで入手できるものもあります。

［ 切ったり挿したりするもの ］

カッター
フローラルフォームなどを
切る。

ピンセット
細い花を挿したり、
細かい作業に。

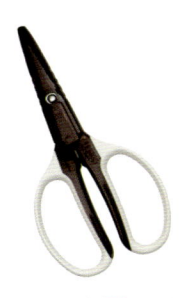

クラフト用ハサミ
クラフト全般に使えて便利。

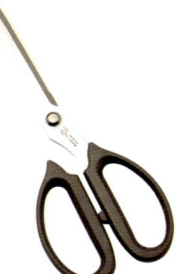

裁ちバサミ
布やリボンなどが
きれいに切れる。

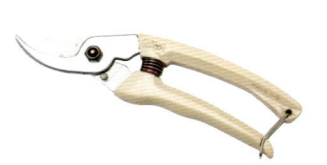

剪定バサミ
太い枝や硬い枝が
切りやすい。

ハーバリウム用ピンセット
瓶の中に花材を入れたり、
長い茎を挿す時に。

［ 接着するもの ］

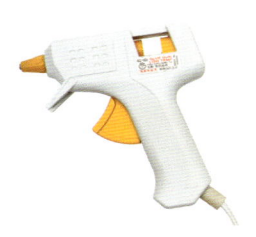

グルーガン
電源につないで
グルースティックを溶かす。

グルーパッド
高温になるグルーガンを
置いて使用する。

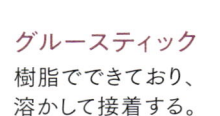

グルースティック
樹脂でできており、
溶かして接着する。

木工用接着剤
葉や茎を接着するために
使用する。

［ アレンジメント用品 ］

フローラテープ
本書では緑色を使用。
花材を巻きつけて束ねる。

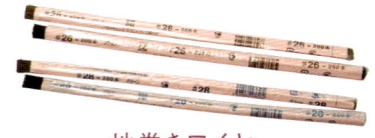

地巻きワイヤー
本書では緑色、茶色と白色の
＃26と＃28、＃30を使用。
1本の長さは36cm。

フローラルフォーム
通称オアシス。
花材を挿すベースにする。

ガラスの種子瓶（しゅし）
栓をあけて
中に花材を入れて飾る。

木製トレイ
浅い木の器。
木箱の蓋でも代用できる。

ウッドフレーム
直接アレンジメントを
接着してもよい。

コンポート台
上にアレンジメントを飾る。

チャイカップ
インド製の陶器製カップ。
植木鉢でも代用可。

ギフトバッグ
花専用のペーパーバッグ。

バスケット
つるなどで編んだナチュラルなかご。

コーヒーフィルター
紙製で無漂白タイプがおすすめ。

リースベースなど

リースベース
フジのつるやラタンなど、
さまざまな素材がある。

ツイッグロープ
つる性植物を模倣した
造花用ワイヤー。

リボンやひもなど

ワイヤー入りリボン
細いワイヤー入りで
形が作りやすい。

リボン
アレンジメントに合わせて
色や材質を選ぶ。

コットンヤーン
約3mm幅など、
細くてカラフル。

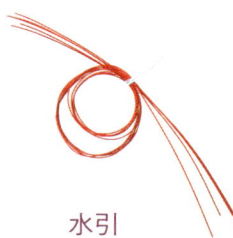

水引
輪飾りなどの
お正月飾りに。

ナチュラルドライフラワーの保存と管理

作ったナチュラルドライフラワーが残ったり、すぐにアレジメントにしない場合は、
色や形がよい状態で保存したいものです。
身近なものを利用してできる方法をご紹介します。

花材は壊れないように包み かごや紙袋に入れておく

ドライフラワーは押したりつぶしたりなどの強い力が加わると、花びらが取れたり形が崩れることがあります。デリケートなので、ていねいに扱いましょう。花材は小束にして新聞紙に包み、かごや紙袋に入れて保管します。

↑間隔をあけてかごに入れ、湿気のたまらない棚の中に入れておくのもよい。

↓種類ごとに透明フィルムの袋などに入れ、紙袋にまとめて湿気が少ない暗い場所に置くのもおすすめ。

ドライフラワーは小分けに束ね、新聞紙で包んで輪ゴムでまとめておく。これを紙袋や段ボール箱に入れる。

直射日光に注意し 湿気が高い場所を避ける

ドライフラワーは時間の経過とともに徐々に退色します。直射日光が当たると退色を早めてしまうので、直射日光が当たらない場所に保管しましょう。また濡らしたり、湿気がこもる場所に置くと、傷みやすくなります。密閉容器には入れず、段ボール箱や紙袋に衣類用の乾燥剤や防虫剤といっしょに入れるのがおすすめです。

↑大きめの段ボールに新聞紙を敷き、間隔をあけてドライフラワーを入れて間に乾燥剤をはさむ。

→小分けにして新聞紙で包んだドライフラワーの間に、衣類用の防虫剤を入れておく。

季節に合わせて管理し
ほこりは落としておく

ドライフラワーを保管するには、管理しやすい季節と、管理しにくくて退色や傷みが出やすい季節があります。季節による管理のポイントを知っておきましょう。また、ドライフラワーにほこりがつくと、ほこりが湿気を吸ってしまうため、傷みの原因になります。ほこりはこまめに落としましょう。

上からほこりがたまった場合は、かごや入れ物ごと軽く揺するか、手で軽くたたいてほこりを落とす。

ドライフラワー作りは
秋から梅雨前までが適期

湿気を嫌い、直射日光が苦手なドライフラワーには、秋から冬を越えて梅雨前までの、湿度と気温が比較的安定して低い時期が適しています。近年は夏がとても暑くなり、特に梅雨以降の蒸し暑い時期はエアコンを使っていても湿度が高くなるので、傷みや退色が進みやすくなります。

↑エアコンの風が当たる場所に花材を吊るすと、ドライフラワーが作りやすい。

←エアコンにプラスして除湿機を使えば、湿度が上がるのを抑えられるため、退色や傷みを防ぎやすい。

梅雨明けから夏には
害虫対策もしておきたい

梅雨明けからの高温多湿な時期は、衣類や庭の植物同様にドライフラワーも害虫に注意します。害虫が発生しやすい花材には、あらかじめ花びらの中心部にノズル式の殺虫剤を使えば、発生初期なら害虫の繁殖を抑えられるため、被害を食い止めることができます。ドライフラワー用の防虫剤や保護スプレーも市販されています。

ノズル式の殺虫剤は、害虫が発生しやすい花の中心部に薬剤が届くので便利。

家庭用のノズル式の殺虫剤。いろいろな種類の害虫に効く。

右／ドライフラワー用の防虫スプレー。噴射しておくと害虫がつきにくい。左／仕上げ用の硬化剤。少し離したところから噴射してアレンジメントやドライフラワーの保護に。

ドライフラワーの寿命

市販されているドライフラワーの中には、すでに退色して茶色くあせてしまったものも多く見かけます。
ナチュラルドライフラワーは、自然に移ろいゆく様子も楽しんでいただけますが、ドライフラワーにも寿命があります。

鮮やかな色彩を保てるのは およそ3〜6か月ほど

しっかり乾燥させたナチュラルドライフラワーは、一般的なドライフラワーよりも、長期間きれいな色が楽しめます。それでもベストな美しさを保てるのは、乾燥完了から3〜6か月くらいでしょう。花にもよりますが右の写真で比較すると、ほぼ1年でこのくらい退色が進むものもあります。

色の変化が 比較的少ない花材

イモーテル、エリンジウム、
グレビレア、
シャクヤク（濃いピンク）、
シンカルファ、スターチス、
セルリア、バンクシア、
ピンクッション、プロテア、
リモニウム、リューカデンドロン など

花材の退色例

1年後

クリスマスローズ
上は乾燥したてのナチュラルドライフラワー、右は1年たったもの。

ミモザ（銀葉アカシア）
人気のミモザも、乾燥したての状態と1年後では、かなり色が違う。

梅雨明けから初秋までは もっとも退色しやすい時期

高温多湿な夏の時期は湿気が多くなってしまい、エアコンを使っていても退色が早まります。6月から9月までの期間は、美しい花や葉の色が保てるのは1〜2か月でしょう。夏の終わりとともに、古くなって退色したアレンジメントを処分するのもひとつの方法です。保存状態がよく、長もちする花を使ったものでも、ドライフラワーの寿命は約1年くらいでしょう。

アレンジメントの退色例

1年後

白いリース
左が完成した時のリースで、右が1年たった状態。アンティーク調という考え方もあるが、本来の色は抜けてしまっている。リメイクすれば、寿命が延びる（→ P.66参照）。

2章

楽しくできる!

季節を感じる
アレンジメント

ナチュラルドライフラワーを生かして
季節ごとに楽しめるアレンジメントを、
28 種類紹介します。
すぐに作れるやさしいものからはじめ、
慣れてきたら用途に合わせて
好きなデザインを選びましょう。

[この章の見方]

季節の表示

花材が手に入りやすく、季節感を演
出しやすい時期。通年については、
季節ごとに作りやすい花材でバリエ
ーションを提案しているものもある。

All Seasons	通年
Spring	春
Summer	夏
Autumn	秋
Winter	冬

難易度の表示

★ ………… とてもやさしい
★★ ……… やさしい
★★★ …… 普通

材料の表示

ドライ …… ドライフラワーを使用
生花 ……… 生花を使用

グラスに生ける
シンプルアレンジ

難易度……★
材料………ドライ

●出来上がりサイズ：
フィリカ 直径約8.5㎝、高さ約15㎝／イモーテル 直径約12㎝、高さ約13㎝

イモーテル

フィリカ

身近にあるお気に入りのカップに1種類のドライフラワーを入れるだけで、空間を素敵に彩ります。花がこんもりとまとまるようにバランスを整えるのがポイント。花が大きめのタイプと、小さな花が集まっているタイプを組み合わせて。

A フィリカ 約25cm 3本
B イモーテル 約30cm 5〜6本

- -
クラフト用ハサミ、
グラス（直径8.5cm、高さ10cm）2個

A

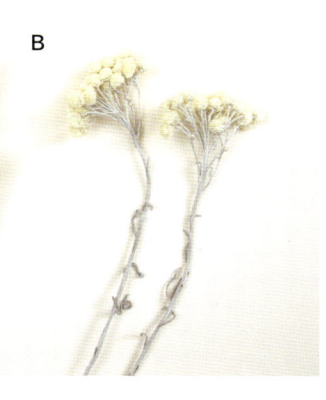

B

フィリカ

1

12cm

フィリカは花から茎までの長さを約12cmに4本切る。

2

15cm

残りのフィリカは、束のまま、花から茎までの長さを約15cmに2本切る。

3

15cm

12cm

グラスの手前に**1**を4本入れ、後ろ側に**2**を2本入れてバランスよく整える。

イモーテル

同じくらいの高さになるように

13cm

ふわふわとした小花が集まった花材は、同じくらいの長さにそろえて切り、グラスいっぱいに入れるだけでかわいい。

ガラス瓶で
花や実、葉を楽しむ

●出来上がりサイズ：
サンダーソニア 直径9㎝、高さ15㎝／クレマチス シルホサの実 直径10㎝、高さ16㎝

クレマチス
シルホサの実

サンダーソニア

蓋があるガラス瓶に、花や実がかわいいドライフラワーを標本のように飾りましょう。ユニークな形の瓶を使うとオブジェのような見せ方もできます。蓋つきの瓶は湿気が入らないので、長もちします。

用意するもの

A サンダーソニア 約15cm 1本
B クレマチス シルホサの実 約15cm 1本

クラフト用ハサミ、コルク栓つきガラス瓶
（直径9cm、高さ15cmと直径10cm、高さ16cm）各1個、
ハーバリウム用ピンセット

［**サンダーソニア**］　＊クレマチス シルホサの実は、直径10cm、高さ16cmのコルク栓つきガラス瓶を使って同様に作る。

1

①瓶の
内側の高さ

2cm

ガラス瓶の内側の高さより2cmくらい短くなるようにサンダーソニアを切る。

2

口の内側に沿わす

ピンセットでそっと1をつかみ、瓶の口の内側に沿って中に入れる。

3

コルクの栓にはさむようにして瓶の栓を閉じてから、静かに瓶をひっくり返す。

バリエーション

季節ごとに中の花を変えると、
違った表情が楽しめる

蓋つきのガラス容器に、花や葉、実を詰めるだけ。リースなどを作って残った花材を入れても、素敵なアレンジに（蓋つきガラス瓶　直径8cm、高さ9cm）。

身近なもので包む
プチ・ブーケ

●出来上がりサイズ：
センニチコウ オードリーピンク、ラナンキュラス ラノベルレモン、ラナンキュラス ピュイド
それぞれ左右約17cm、天地約27cm

ラナンキュラス
ラノベルレモン

センニチコウ
オードリーピンク

ラナンキュラス
ピュイド

コーヒーフィルターや洋書・英字新聞の切り抜きなどに花束をはさんだ、飾りやすい小さなブーケです。壁に吊るせるので場所を取らず、好きなところに飾れます。お気に入りの花で何個か作り、並べて飾るのもおすすめです。

用意するもの

A センニチコウ オードリーピンク
約20cm 6本

B ラナンキュラス ラノベルレモン
約20cm 5本

C ラナンキュラス ピュイド
約20cm 8本

D カシワバアジサイ 1本

コーヒーフィルター、洋書（英字新聞）の紙（紙質は厚め）、ワックスペーパー、カラー紙ひも（太さ1mm×60cmを3色各1本）、穴あけパンチ、クラフト用ハサミ、セロハンテープ、地巻きワイヤー#28（緑）、紙袋（15×12×7cm）、コットンヤーン（太さ3mm×30cmを2色各1本）、ラッピングペーパー（B5サイズ）

［センニチコウ オードリーピンク］

＊ラナンキュラス ラノベルレモンとラナンキュラス ピュイドは、雑誌の紙とワックスペーパーをコーヒーフィルターの大きさに切って同様に作る。

1

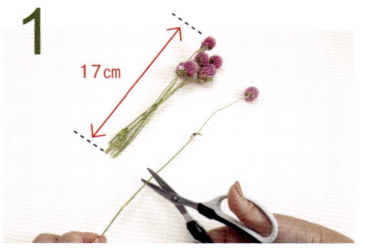

17cm

センニチコウを6本とも約17cmにハサミで切る。

2

9cm

1を束ねて上から9cmの位置に地巻きワイヤーを3回巻きつけ、2〜3回ねじって固定する。

3

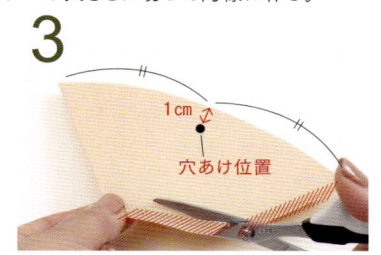

1cm
穴あけ位置

コーヒーフィルターの底と側面の接着部分をハサミで切る。上辺の中心から1cm下がった場所にパンチで穴をあける。

4

輪

3を開いて輪の少し左側に、花首が出るように2を置く。ワイヤーの上からセロハンテープを貼って固定する。

5

3cm

4のコーヒーフィルターを合わせる。カラー紙ひもを二つ折りにして輪の方を穴に通してひもを閉じる。端から3cmの位置でひもを結ぶ。

バリエーション

プレゼントにもぴったり

［カシワバアジサイ］

1

花柄を長くつけて切った花7つと葉3〜4枚を束ね、ワイヤーで縛ってまとめる。二つ折りにしたラッピングペーパーで包み、コットンヤーン2本をいっしょに結ぶ。

2

紙袋の取っ手にコットンヤーン2本をいっしょに結び、1を斜めにして入れる。

丸めて吊るす 小さなリース

●出来上がりサイズ：
ヘクソカズラ 直径約15cm／カシワバアジサイ 直径約20cm／ミモザの枝 直径18〜20cm

難易度……★
材料………生花

ヘクソカズラ

ミモザの枝

カシワバアジサイ

花がついた枝や茎、つるを丸めてコットンヤーンを結んだだけの、とても手軽に作れておしゃれなリース。飾っているうちに乾燥し、1〜2週間でドライフラワーに仕上がります。

A
B
C

ヘクソカズラ

1

ヘクソカズラのつるは、余分な葉を切り落とす。
3〜4本のつるを絡めながらねじり、左右から
丸めて輪にする。

2

コットンヤーンはこのあたりに結ぶ

ワイヤーを巻きつけ、ねじって固定する。少しず
らして二つ折りにしたコットンヤーンをワイヤー
の反対側のつるに結ぶ。

カシワバアジサイ

1

このあたりをワイヤーで縛る

花を上向きにして枝を持ち、ゆっくりと枝を丸め
ていく。花の下あたりで2本の枝にワイヤーを
巻きつけ、ねじって固定する。

2

1の枝の中央に、少しずらして二つ折りにした
コットンヤーンを結ぶ。

ミモザの枝

1

ミモザの枝を左右から丸めて枝と枝を絡ませ、
直径18〜20cmの輪にする。枝が交差したとこ
ろにワイヤーを巻きつけ、ねじって固定する。

2

少しずらして二つ折りにしたコットンヤーンを輪
の部分を上にして1の上側の中央で結ぶ。

つなげて作るガーランド

●出来上がりサイズ：ヤグルマギク 約30㎝／クリスマスローズ 約48㎝

ヤグルマギク

クリスマスローズ

ワイヤーや細いひもを絡めるだけでできる、空間を生かしたアレンジ。少ない花材で作れるのもポイントです。壁や北側の窓辺を彩るインテリアとして、直射日光を避けて飾れば長く楽しめます。

用意するもの

A ヤグルマギク 1束(15〜20本)
B クリスマスローズ 1束(10〜12本)

カラー紙ひも(太さ1mm×100cm 2本)、クラフト用ハサミ、
地巻きワイヤー＃30(緑)、仕上げ用硬化剤スプレー

ヤグルマギク

1

5cm

花とつぼみをすべて約5cmにハサミで切る。

2

垂直に曲げて
左右に伸ばす

7cm

1の花とつぼみを3つ束ねる。地巻きワイヤーを7cm取ったところで花首の下に3回巻きつけたら、茎と垂直になるように曲げて左右に伸ばす。

3

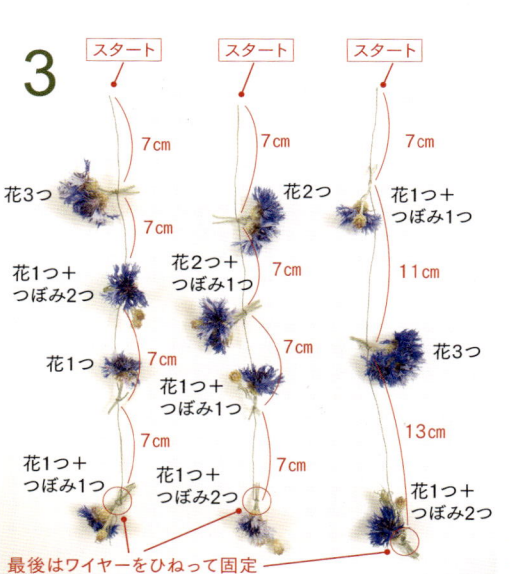

スタート　　スタート　　スタート

7cm　　7cm　　7cm
花3つ　　　　花2つ　　花1つ＋つぼみ1つ

7cm
花1つ＋つぼみ2つ　　花2つ＋つぼみ1つ　　7cm　　11cm

7cm　　7cm
花1つ　　花1つ＋つぼみ1つ　　花3つ

7cm　　7cm　　13cm

花1つ＋つぼみ1つ　　花1つ＋つぼみ2つ　　花1つ＋つぼみ2つ

最後はワイヤーをひねって固定

写真を参考に2のようにワイヤーを巻きつけて3本作る。

4

ヤグルマギクは劣化防止に仕上げ用硬化剤スプレーを全体にかけ、乾かしてから飾る。

クリスマスローズ

1

5cm　5cm

茎を5cmつけて切り分け、花が2つのパーツと1つのパーツを作る。

2

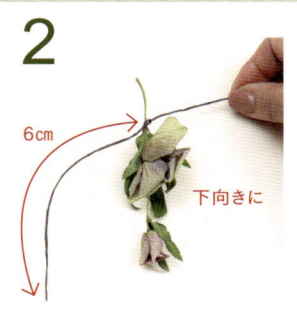

6cm

下向きに

紙ひもを6cm取ったところに1の花が2つのパーツを下向きに結んで固定する。

3

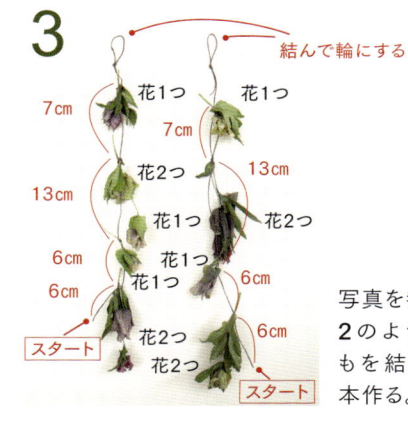

結んで輪にする

7cm　花1つ　花1つ
7cm
13cm　花2つ　13cm
花1つ　花2つ
6cm　花1つ
6cm　花1つ　6cm
花2つ
花2つ　6cm

スタート
スタート

写真を参考に2のようにひもを結んで2本作る。

39

華やかなフラワーコーム

●出来上がりサイズ：幅12cm、長さ20cm

難易度……★
材料………ドライ

大きめの花をポイントにした、ちょっと差がつく花のコーム。フォーマルな席やセレモニーなどの、華やかなコーディネートにぴったりです。手軽に作れて、ドレスやスーツにも似合います。

＊大きめの花は、バラやセルリアなどに変えても。

用意するもの

A スターチス シースルーホワイト 約25cm 1本
B ダリア マルガリータ 約25cm 大・小各1本
C アストランチア ローマ 約25cm 1本

地巻きワイヤー#28（緑）、クラフト用ハサミ、裁ちバサミ、
グルーガン、グルースティック、グルーパッド、
リボン（幅1.2cm×長さ100cm）、ヘアコーム（7×3.5cm）

1

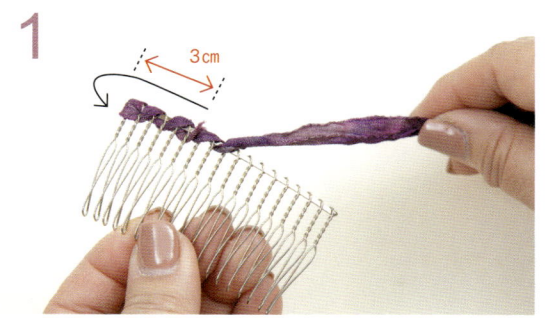

リボンは端を3cm残してコームの背に沿わせる。その上からコームの歯を2本おきにリボンで巻き、端も隠しながら巻き込んでいく。

2

巻き終わったら2cm残してリボンを切り、裏側に返してグルーをつけて固定する。

3

残ったリボンをリボン結びにする。結び目の中央にワイヤーをかけてねじって固定し、2を表側にして左端から1.5cmの位置にねじって取り付ける。

4

3で取り付けたリボンパーツの左側にダリア（小）をグルーでつけ、右側にダリア（大）をグルーでつける。2つのダリアは向きを直角にする。

5

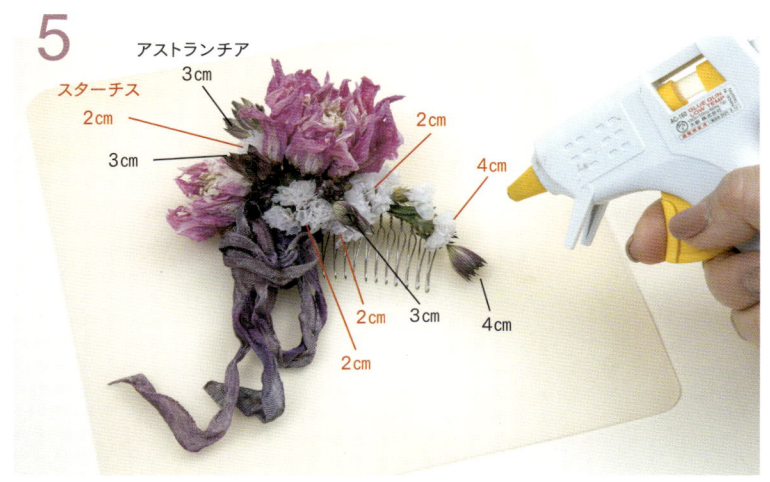

スターチスの花は2cm4本と4cm1本、アストランチアの花は3cm3本と4cm1本に切り、茎の下側にグルーをつけて写真のように取り付ける。

晴れの日につけたい
コサージュ

●出来上がりサイズ：長さ20cm、幅13cm

お祝いの式典などの晴れの日に、ドライフラワーのコサージュを手作りしてみませんか。春に咲く花とレモンリーフのようにしっかりとした葉を小さな花束のようにまとめます。

用意するもの

A **スイートピー リリー**　約25cm 2本
B **クリスマスローズ（紫〜ピンク）**　約18cm 3本
C **セルリア ブラッシングブライド**　約15cm 3本
D **レモンリーフ**　約25cm 1本

地巻きワイヤー #28（緑）、クラフト用ハサミ、
裁ちバサミ、グルーガン、グルースティック、グルーパッド、
フローラテープ（緑）、リボン（幅6mm×長さ100cm）、
ブローチピン（2.5cm×5mm、穴2つ）

A　B　C　D

1

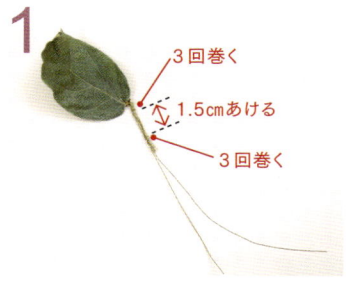

3回巻く
1.5cmあける
3回巻く

レモンリーフは葉柄を4cmつけて6枚切る。葉のつけ根でワイヤーを3回巻いて1.5cm下で再度3回巻き、下に向けて伸ばす。6枚とも同様にワイヤーをかける。

2

1の葉のつけ根からフローラテープを引っ張りながら、斜め下に下ろすようにして下まで巻く。同様に6本ともフローラテープを巻く。

3

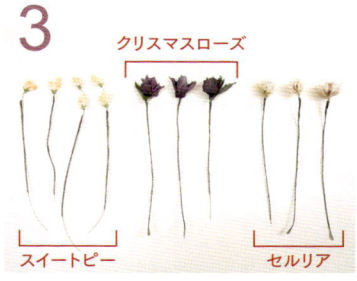

クリスマスローズ
スイートピー　セルリア

スイートピーの茎を4〜5cmつけて4本、クリスマスローズとセルリアは茎を4〜5cmつけて各3本切り、1と同様にワイヤーを巻いてすべてフローラテープを巻く。

4

背面

背面にレモンリーフを入れ、スイートピー、クリスマスローズ、セルリアの3種が隣り合わないように束ね、下側にワイヤーを巻きつけてねじり、固定する。

5

背面

花と花の隙間があったらグルーでクリスマスローズの葉をつける。リボンを10cm切り、グルーをつけてワイヤーを隠すように3周して固定する。

6

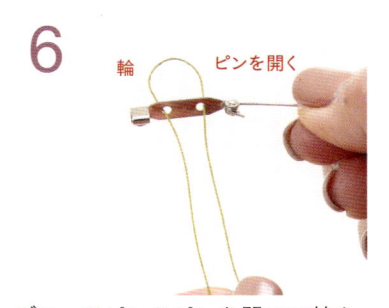

輪　ピンを開く

ブローチピンのピンを開いて持ち、2つの穴にワイヤーを通して後ろ側に輪を作る。

7

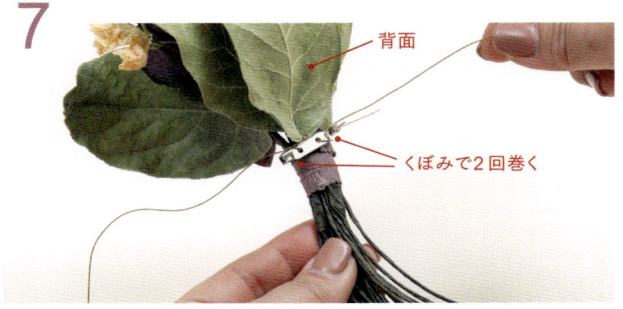

背面

くぼみで2回巻く

6のワイヤーの輪の中に5の花束を通し、ピンを背面のリボンの上側に配置する。ピンの左右のくぼみに各2回巻いてから背面の中央でねじって固定し、端を内側に隠す。

8

自然に曲げる

残ったリボンはピンを隠すように茎の束を2周し、前側でリボン結びする。茎は自然にしならせるように曲げて長さを整える。

手軽で豪華な ギフトブーケ

●出来上がりサイズ：直径約30㎝、高さ55㎝

難易度 ····· ★★
材料 ········· ドライ

円錐形のペーパーバッグの中央に、横に広がる草姿のリモニウム デュモサを花留め代わりに入れ、間に可憐な花やユーカリを挿しました。ペーパーバッグは、厚紙を丸めて麻ひもを取り付けても作れます。

用意するもの

A ユーカリ ニコリ 約60cm 1～2本
B リモニウム デュモサ 約40cm 2本
C イモーテル バニラ 約50cm 5本
D セルリア プリティピンク 約20cm 8本

円錐形ペーパーバッグ（直径28cm、高さ28cm）、
クラフト用ハサミ、グルーガン、グルースティック、グルーパッド、
木工用接着剤、カッター、フローラルフォーム

1

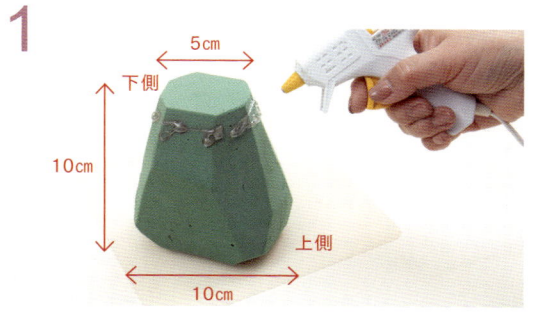

フローラルフォームをペーパーバッグの形に合わせて写真
のようにカッターで切る。上側の角を落として面取りする。
上下をひっくり返して下側の周囲にグルーをつける。

2

木工用接着剤

ペーパーバッグの中に**1**を入れて固定し、スタンドに吊る
す。20～30cmに切ったユーカリを8本、切り口に木工用
接着剤をつけて放射状にフローラルフォームに差し込む。

3

放射状に広がった草姿のリモニウムの茎の下側に接着
剤をつけ、**2**の中央に差し込んで固定する。約1/3の
リモニウムは残しておく。

4

17cm　20cm
20cm
17cm
不等辺三角形に
17cm

イモーテルを花房ごと17cm3本と20cm2本に切る。茎の
下側に接着剤をつけ、手前に17cmを不等辺三角形の位
置に3本、後ろ側の左右に20cm2本を差し込んでつける。

5

リモニウムを13～15cm7本に切り、切り口に接着剤を
つけて**4**の隙間へ放射状に差し込む。

6

ユーカリ

セルリア

セルリアを12～20cm8本に切り、**5**の隙間へ対角線
状にグルーでつける。残ったユーカリを切り分け、切り
口に接着剤をつけて全体に隙間なく差し込む。

ミモザと
クリスマスローズのフレーム

●出来上がりサイズ：天地45cm、左右35cm、厚さ5cm

人気の春の花、ミモザを使って、部屋に飾りやすく工夫したアレンジです。ミモザの黄色が、明るく華やかな春を表現。花材をフレームに絡めるようなイメージで、スパイラル状にあしらいます。

A ミモザ（銀葉アカシア）　約40㎝8本
B イモーテル　約25㎝3本
C クリスマスローズ　約10㎝6本
D ユーカリ ポポラス　約40㎝4本

木製フレーム（天地35㎝、左右26㎝、厚さ2㎝）、
地巻きワイヤー＃28（茶）、クラフト用ハサミ、
剪定バサミ、グルーガン、グルースティック、グルーパッド

1

花房の⅓を
ワイヤーで
留める

ミモザの枝を約30㎝4本に切る。二つ折りにしたワイヤーで1本めの枝の下部に巻きつけ、下側のフレームの下から出し、ねじって固定する。花房の3分の1にワイヤーをかけ、左側のフレームにねじって固定する。

2

上に　上に　下から　上に　下から　下から　上に

4つの角に渡すように30㎝に切ったミモザを差し入れ、1と同様にワイヤーで固定する。

3

ユーカリの枝を25～28㎝4本に切り、フレームの内側にグルーをつけて2のミモザに沿って取り付ける。

4

ミモザを20㎝4本と、15㎝4本に切り分ける。3でユーカリをつけた位置の上に20㎝のミモザをグルーでつけ、さらに15㎝のミモザをグルーでつけてボリュームを出す。

5

8cm　9cm　9cm　9cm　8cm

イモーテルを8㎝3本、9㎝3本に切り、下側にグルーをつけて写真の位置に取り付ける。

6

クリスマスローズを7～10㎝6本に切り、少し飛び出すようにグルーでつける。ユーカリの葉や余ったミモザの花穂をあいているところにグルーでつける。

丸い花や実の
ワイドコンポート

●出来上がりサイズ：左右24cm、幅14cm、高さ23cm

テーブルコーディネートにアクセントを
つける、生花のようなイメージのアレン
ジメント。少ない花材でもかわいらしく
作れます。丸い花を使って動きを出す
ことで、春の息吹が感じられます。

用意するもの

A センニンソウのタネ　約30cm 2本
B アリウム 丹頂　約40cm 6本
C ニゲラ（白）　約40cm 7本
D クレマチス シルホサの実　6個
E ゴアナクロウ　約50cm 4本

コンポート台（左右20cm、幅6cm、高さ10cm）、
クラフト用ハサミ、グルーガン、グルースティック、グルーパッド、
木工用接着剤、カッター、フローラルフォーム、ピンセット

1

縁より少し低くなるように

フローラルフォームをコンポート台の形に大きさを合わせ
てカッターで切る。さらに厚さ1cmに切り、全体に敷いて
はまり具合を確認し、底面にグルーをつけて固定する。

2

縁側に差し込む

6～9cmに切り分けたゴアナクロウを20本、切り口に木工
用接着剤をつけてフローラルフォームの縁側に差し込む。

3

9cm　6cm　13cm
6cm
10cm
9cm

アリウムを6cm2本、9cm2本、10cm1本、13cm1本
に切る。写真のように動きを出して茎の下側に接着剤
をつけ、2の内側に差し込んで固定する。

4

ジグザグに

ニゲラ7本を5～7cmに切る。茎の下側に接着剤をつけ、
ピンセットでジグザグになるように差し込んでつける。

5

センニンソウ
7cm
7cm
7cm
12cm
クレマチス
シルホサの実
7cm

センニンソウを7cm4本と12cm1本に切り、グル
ーをつけて写真の位置につける。6個のクレマチ
ス シルホサの実は接着剤をつけてジグザグに取
り付ける。残ったゴアナクロウなどの花材を、グ
ルーをつけて足し入れる。

春の花の
さわやかなホリゾンタル

難易度……★★
材料………ドライ

●出来上がりサイズ：長さ50cm、幅20cm

枝や葉を土台にして中心部分を盛り上げ、左右に伸びたアレンジを「ホリゾンタル」と呼びます。コデマリやラナンキュラスなどの春の花を使って、明るくさわやかな色調に。

A B C D E

1

コデマリの枝を35cmに切り分ける。5〜6本を束にして
元にワイヤーを巻きつけ、ねじって固定したものを2つ
作る。向かい合わせに全長50cmに配置し、中央をワ
イヤーでねじって固定する。

2

グルーで固定
輪
30cmを
5本1束が4組み

30cmに切ったコデマリを5本1束にして下側をワイヤー
で縛り4束作る。1の上から放射状に4束を重ねて中
心を二つ折りのワイヤーで縛り、吊り下げ用の輪を作
る。中心部分をグルーで固定する。

3

10cm 15cm
15cm
10cm

ヤマボウシの枝を10cm2本、15cm2本に切り、元側
にグルーをつけて2の中心部分に取り付ける。

4

ラナンキュラス バラ 10cm
8cm 9cm
15cm
9cm
11cm 8cm
8cm

バラを8cm1本、9cm2本に切る。ラナンキュラスは8
cm2本、10cm1本、11cm1本、15cm1本に切り、バ
ラから順番に中心に向かってグルーで固定する。

5

マトリカリアを8cm5本、10cm3本、15cm2本に切り、
元側にグルーをつけて中心に向かってバランスよく取り
付ける。

6

残っているヤマボウシの花と葉を7〜10cmのパーツに
切り、あいているところにグルーでつける。

おもてなしのグラスマーカー

●出来上がりサイズ：ヒマワリ サンリッチレモン 左右約6㎝、高さ約5㎝／
セルリア ブラッシングブライド 左右約6㎝、高さ約5㎝／
ラークスパー カンヌ系 左右約5.5㎝、高さ約5㎝

難易度……★
材料………ドライ

ヒマワリ
サンリッチレモン

ラークスパー
カンヌ系

セルリア
ブラッシングブライド

ホームパーティーやお誕生日のお祝い
などの際におすすめの、ドライフラワー
を使ったグラスマーカー。手軽にできて
テーブルを華やかに彩ります。取り外し
て記念に持ち帰っていただいても。

用意するもの

A オレガノ ケントビューティー　　約30㎝1本
B ヒマワリ サンリッチレモン　　約20㎝1本
C セルリア ブラッシングブライド　　約20㎝1本
D ラークスパー カンヌ系　　約30㎝1本

- -

クラフト用ハサミ、裁ちバサミ、地巻きワイヤー#28(緑)、
リボン(太さ25㎜×13㎝を3色各1本)、
グルーガン、グルースティック、グルーパッド

[ヒマワリ サンリッチレモン]　＊セルリア ブラッシングブライドはリボンの色を変え、
　　　　　　　　　　　　　　　 花首の下の茎を1㎝つけて切って同様に作る。

1

先を開く

リボンの端を斜めに裁ちバサミで切る。二つ折りにして
グラスの脚の下側にかけて先を開く。

2

根元側に

地巻きワイヤーを2分の1の長さに切り、**1**の根元側に
2回巻きつけ、2〜3回ねじって固定する。余分なワイ
ヤーは1㎝残して切り、内側に隠す。

3

グルーは茎の先に

ヒマワリは、花首の下側に1㎝茎を残してハサミで切
る。茎の先にグルーをつけて**2**のワイヤーの上に取り付
ける。

4

3でつけたヒマワリの上と下に、2〜3㎝に切ったオレガ
ノの茎にグルーをつけて取り付ける。ヒマワリの茎が見
えないようにするとよい。

5

グルーが固まったらリボンを少し引っ張
って2枚の端を広げるように整える。

バリエーション

距(きょ)

ラークスパーは、上の**2**ま
では同様に作る。7〜8輪
を花首で切り、花の飛び出
した部分(距(きょ))にグルーをつ
けて集めて取り付ける。先
に2〜3輪を取り付けてか
ら上下にオレガノをつけ、
隙間を埋めるように残った
ラークスパーをつける。

浴衣の帯飾り

●出来上がりサイズ：長さ20cm、幅10cm

夏のお出かけにつけたい、ひと味違う帯留めです。浴衣の色や柄に合わせて作れば、より華やかに個性を演出できるでしょう。使った後は小さなスワッグとして部屋に飾れます。

用意するもの

A スターチス HANABI　約30㎝1本
B ダリア マルガリータ　2本
C アジサイ（紫、葉つき）1本

A　B　C

地巻きワイヤー＃28（緑）、クラフト用ハサミ、裁ちバサミ、
グルーガン、グルースティック、グルーパッド、フローラテープ（緑）、
リボン（ベージュ・ワイヤー入り幅25㎜×長さ45㎝）

1

3回巻く
2cm あける
3回巻く
3回巻く
2cm あける
3回巻く
4～5cm
5cm
1.5cm あける
5～6cm
4cm
3～7cm
4～5cm
2～3㎝

アジサイは花茎を4㎝つけて5～6㎝4個に切る。アジサイの葉は葉柄を2～3㎝つけて4枚切る。葉のつけ根より少し上にワイヤーを3回巻いて1.5㎝下で再度3回巻き、下に向けて伸ばす。上の写真を参考にほかの花材も切り分けてワイヤーをかける。

2

1の葉のつけ根からフローラテープを引っ張りながら巻き、斜め下に下ろしながら下まで巻く。同様にすべてのパーツをフローラテープで巻く。

3

スターチス
アジサイ　少しずらす

2のスターチスを1本取り、少し下にずらしてアジサイを1本重ね、ワイヤー同士をねじって1本にまとめる。これを3つ作る。

4

①小
②中
③大

3の3つのパーツを、ボリュームが小さい順に小→中→大と、互い違いになるようにしてワイヤーをねじってまとめる。

5

①
④スターチス　②
⑥ダリア　③
⑨葉
⑪葉
⑤アジサイ
⑧スターチス

①②③
4でまとめた部分
⑩葉（後ろにあり）
⑦ダリア
⑫葉

残りのパーツは写真を参考にして④～⑫の順にワイヤーをねじってまとめる。

6

13cm

ワイヤーを13㎝に切りそろえ、葉のつけ根からフローラテープをずらしながら巻きつける。

7

グルーでつける
フック状に曲げる

葉のつけ根にリボンを片結びにし、グルーをところどころにつけながらずらして巻き、ワイヤー部分を覆う。ゆっくりとU字に曲げてフック状にする。

麦わら帽子をステキに

●出来上がりサイズ：直径 71㎝、高さ9.5㎝

難易度……★★
材料………ドライ

お気に入りの麦わら帽子や小さくなった子ども用の帽子が、ドライフラワーをあしらうことで新鮮なデザインによみがえります。壁にかけて飾り、インテリアとして楽しみましょう。

A エノコログサ　約30㎝ 6本
B ヒマワリ ゴッホのひまわり　2本
C 黒ヒエ フレイクチョコラータ　3本

地巻きワイヤー＃28（緑）、クラフト用ハサミ、
麦わら帽子（頭囲55㎝、つば幅8㎝、高さ12㎝）

1

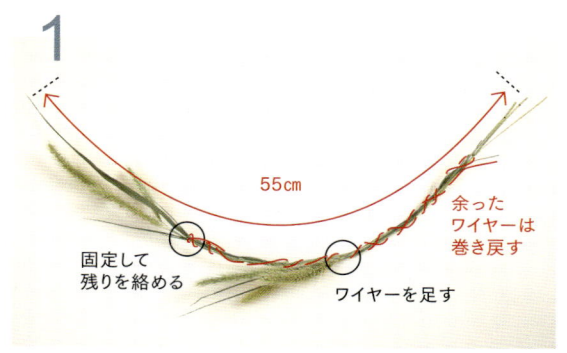

30㎝に切ったエノコログサ3本を少しずらして穂の下を
ワイヤーで巻いて固定し、残りのワイヤーを茎に絡める。
同様に3本のエノコログサをワイヤーを足してつなげ、
全長を55㎝にする。

2

1を帽子に固定する。正面から少し外した位置に1の
先端が来るように配置し、7㎝、14㎝、14㎝の位置
で1をはさむように2分の1に切ったワイヤーを外側か
ら帽子に差し込み、内側でねじって留める。

3

ヒマワリを10㎝と15㎝、ヒエを25㎝1本と
27㎝2本に切る。

4

3のヒエを写真のようにずらして2分の1のワイヤーで帽子に差し、
内側でねじって固定する。茎はエノコログサの茎に絡め、飛び出
さないようにする。

5

残った1本のヒエを、4で固定したワイヤーの
穴に反対方向から差し込み、茎をエノコログ
サの茎に絡める。

6

ヒマワリはヒエの穂が隠れないように離して配置する。エノコログ
サの茎の中にヒマワリの茎を差し込んで留め、上から2分の1の
ワイヤーで固定する。残ったヒエの葉をバランスよく足し入れる。

スモークツリーの
ふわふわリース

難易度……★★
材料………ドライ

●出来上がりサイズ：直径30cm、厚さ10cm

人気のスモークツリーを贅沢に使った、
ふわふわとエアリーなリース。夏の湿気
に強くて長もちし、シックに変化する色
合いも魅力です。たっぷり使った葉と
2色使いのリボンがアクセントに。

用意するもの

A スモークツリー パープルリーフ　50〜60cm 1本
B スモークツリー グリーンファー（葉つき）　約30cm 12本
C スモークツリー ロイヤルパープル　約20cm 6本

ラタンのリースベース（直径20cm）、地巻きワイヤー#26（茶）、
クラフト用ハサミ、剪定バサミ、グルーガン、グルースティック、グルーパッド、
リボン（ピンベージュ：幅1.2cm×100cm、白：幅4mm×100cm）

1

12枚

3枚×12組み

リースベースに二つ折りにしたワイヤーを巻きつけ、引っ掛
ける輪を作って2〜3回ねじって固定する。スモークツリー
の葉は葉柄をつけて切り外し、パープルリーフは3枚1組
みにして12組み、グリーンファーは12枚用意する。

2

中央

ジグザグに

内側

外側

1を吊るすかスタンドにかけ、パープルリーフ3枚1組み
をまとめてリースベースの中央→内側→外側の順で1周
12か所にグルーで取り付ける。パープルリーフと交互に
なるようにグリーンファーの葉をグルーで取り付ける。

3

軽くつぶして
5〜6cmの
ボール状に

スモークツリー ロイヤルパープルの花を10〜12cmの塊
を手で握って丸く整え、5〜6cmのボール状に整える。
これを6個作る。

4

2の上下と左右の対角線上に合計6か所、グルーで3
をつける。スモークツリーの花はグルーで留めにくいた
め、やけどに注意する。

5

グリーンファーの花も5〜6cmのボール状に12個整え、
4の内側と外側のあいている場所にグルーでつける。残っ
た花や葉もグルーで足し入れる。

6

2種類のリボンを重ねて輪の長さが違うリボン結びを作り、
中心をワイヤーでねじって留める。ワイヤーの端は折り曲
げて2cmの脚を作り、5の右上にグルーで取り付ける。

七夕飾り風スワッグ

●出来上がりサイズ：長さ47㎝、幅24㎝

短冊をイメージして、羽衣のように透明感があるルナリアの実をちりばめたスワッグです。リボンは涼しげなブルーを選んでさわやかな印象に。白いヤマボウシの花を、星に見立ててあしらいます。

用意するもの

A ヤマボウシ　約40cm 4本
B ルナリア　約50cm 5本
C セロシア シャロン　約30cm 3本
D バラ スターリングセンセーション　約30cm 3本

地巻きワイヤー#28（緑）、クラフト用ハサミ、
剪定バサミ、グルーガン、グルースティック、グルーパッド、
リボン（ワイヤー入りブルー、幅25mm×長さ100cm）

A　B　C　D

1

ルナリア50cm3本
ヤマボウシ40cm1本
ヤマボウシ20cm2本

ルナリア50cmを3本扇形に束ね、上からヤマボウシ40cm1本、左右にヤマボウシ20cmを各1本ずつ配置し、ワイヤーを二つ折りにしたものを元側に巻きつけ、ねじって固定する。

2

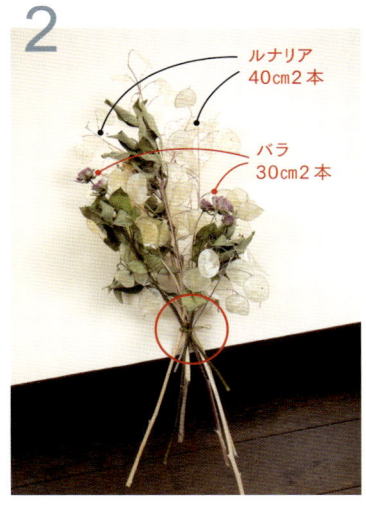

ルナリア40cm2本
バラ30cm2本

1の上から40cmに切ったルナリア2本、バラ30cm2本を写真のように放射状に配置し、上から二つ折りのワイヤーで縛って固定する。

3

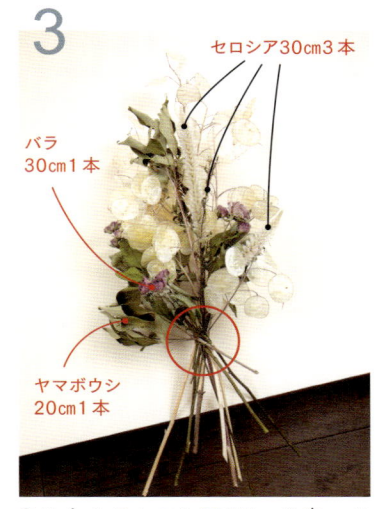

セロシア30cm3本
バラ30cm1本
ヤマボウシ20cm1本

2の上からセロシア30cm3本、ヤマボウシ20cm1本、バラ30cm1本の順で重ね、上から二つ折りのワイヤーで縛って固定する。

4

3で最後に束ねたバラの茎を2cm残して短く切る。ほかの茎もゆるやかな高低差をつけて切る。ワイヤーで束ねたところにグルーをたっぷりつけて補強する。

5

上下を逆に

上下を逆にして置く。上側のエリアのあいているところに、残った花や葉にグルーをつけて中心に向かってバランスよく取り付ける。

6

裏返して根元にワイヤーをかけ、引っ掛けるための輪を作る。根元にリボンを結んで仕上げる。

アジサイの
2ポイントリース

●出来上がりサイズ：天地35㎝、左右30㎝、厚さ12㎝

アジサイのさわやかな魅力を強調するために、あえてリースベースのつるを見せるデザインです。ホップのつるをプラスして躍動感を出し、ヤツデの葉でアクセントをつけています。

用意するもの

A **ホップ**　50〜60cm 2本
B **ヤツデの葉**　2本
C **リンドウ（白）**　約40cm 2本
D **アジサイ（ブルーグリーン）**　2本

つるのリースベース（直径25cm）、
地巻きワイヤー#28（茶）、クラフト用ハサミ、
剪定バサミ、グルーガン、グルースティック、グルーパッド

A　B　C　D

1

つるベースに固定用のワイヤーがあれば取り外し、左右から押して幅23cm、高さ30cmの楕円形にする。上側に二つ折りのワイヤーを巻きつけ、引っ掛ける輪を作って2〜3回ねじって固定する。下側はゆるめにワイヤーを巻きつけて固定する。

ゆるめにワイヤーで固定する

2

アジサイを18cmの大きめのボール状と13cmの小さめのボール状に切り分け、左上と右下に茎ごとワイヤーで縛って固定する。

18cm　13cm　ワイヤーで固定

3

ヤツデの葉の茎にグルーをつけ、**2**のアジサイの根元に差し込むようにつける。

4

リンドウを10cm 10本に切り分ける。アジサイの上側に、アジサイに向かって写真のようにグルーをつけて差し込むようにつける。左上は6本、右下は4本取り付ける。

6本　4本

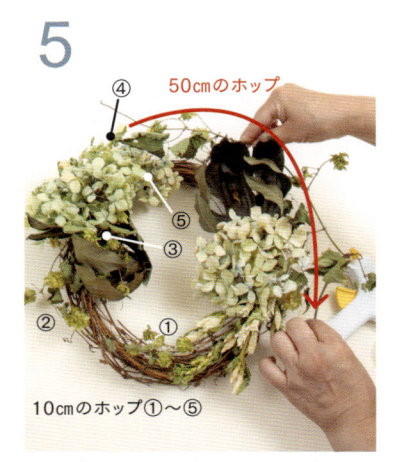

5

ホップを10cm 5本と50cm 1本に切る。写真を参考に10cmを左下に3本、左上2本、ヤツデの下側のつるの上にグルーをつけて差し込む。最後に50cmのつるにグルーをつけ、右下のアジサイの中に差し込んで取り付ける。

④　50cmのホップ
⑤　③
②　①
10cmのホップ①〜⑤

6

残ったリンドウの花や葉、ホップの葉などをグルーでバランスよく足し入れる。

コムギと初夏の花の
スタンドブーケ

難易度……★★★
材料………ドライ

●出来上がりサイズ：高さ35cm、幅23cm

緑色がみずみずしいコムギは成功や繁栄の象徴。コムギを束ねて3点でしっかり立たせ、その間に初夏の花をあしらったスタンドタイプのブーケです。場所を選ばず、ちょっとしたスペースにも飾りやすいです。

用意するもの

A ベアグラス　約70cm 15本
B バラ ジェラート　約40cm 3本
C コムギ　50～60cm 30本
D デルフィニウム オーロラ系　約50cm 1本
E レモンリーフ　約30cm 5本

- -
地巻きワイヤー＃28（緑）、クラフト用ハサミ、
剪定バサミ、グルーガン、グルースティック、グルーパッド

1

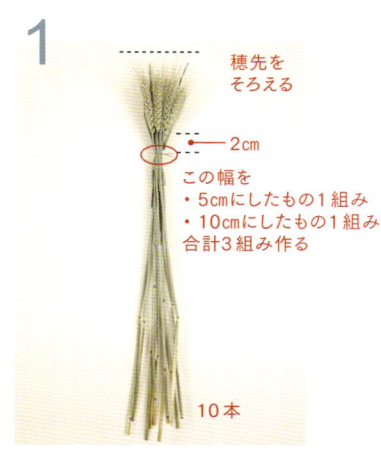

コムギを10本束ねて穂の高さをそろえ、ワイヤーを二つ折りにしたものを穂の下2cmの位置に巻きつけ、ねじって固定する。この幅を5cmにしたものと10cmにしたものも作る。

2

1で作った3組みのパーツを写真のように放射状に配置し、上から二つ折りのワイヤーで縛って固定する。コムギのパーツを写真の長さに切り、自立するのを確認して、接合部分にたっぷりグルーをつけて補強する。

3

ベアグラスを上の写真のように直径6cmの輪にし、二つ折りのワイヤーで縛って固定する。2の中心にベアグラスを縛ったワイヤーをかけ、輪の部分が斜めになるようにねじって固定する。

4

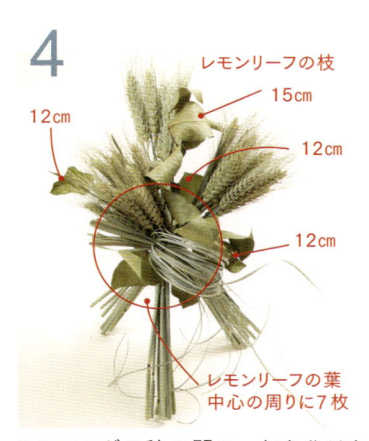

3のコムギの穂の間に、切り分けたレモンリーフの枝の下側にグルーをつけて、中心部分に接着する。中心に15cmの枝をつけ、放射状に12cmの枝を3本つけてから、中心の周りにレモンリーフの葉を7枚グルーで取り付ける。

5

バラを13cm1本、7cm2本、3.5cm1本に切り分けて茎の下側にグルーをつけ、写真のように放射状に取り付ける。次にデルフィニウムを15cm1本、10cm1本、8cm2本に切り分け、グルーで放射状に取り付けて、中心部の隙間にグルーで花を8輪取り付ける。

6

バラの葉つきの枝を7cm4本に切り、バラの花の近くにグルーで取り付ける。中心部分のあいているところにバラの葉を5～6枚グルーでつける。

古くなったアレンジのリメイク

作って1年以上経過して色あせてしまったアレンジを、リフォームしてよみがえらせましょう。
土台と使える部分を残し、葉や退色している部分を入れ替えます。

［ リース ］

花材を選択するポイント

- 茶色くなった葉は取り除き、新しい緑色の葉に入れ替える。
- 入れ替える葉は、同じくらいの大きさか、やや小さめのものが作業しやすい。
- ピンクや紫などの濃いめで色が残っている花材は、そのまま生かす。
- プラスする花材は明るめの色で、残す花材と質感が近いものが調和しやすい。

Before

- 丸葉ユーカリ　➡取る
- リモニウム　デュモサ　➡残す
- オレガノ　ヘレンハウゼン　➡残す

新たに用意する花材

A　ピスタキア　　約45cm 4〜5本
B　スターチス
　　シースルーホワイト
　　約40cm 5本

作り方のポイント

ユーカリをつけ根からハサミで切って取り除く。ピスタキアを5〜7cmに切り分け、全体にグルーで取り付ける。スターチスを7〜9cmに切り分け、バランスよくグルーで固定する。残っているピスタキアも隙間にグルーで足し入れる。

After

● 出来上がりサイズ： 長さ45cm、直径30cm、厚さ10cm

ピスタキアの明るい緑で鮮やかに。淡いピンクのスターチスで立体感をプラスして新鮮なイメージになりました。

［ スワッグ ］

花材を選択するポイント

- ● 茶色くなった葉は、枝を残して葉だけを切り、緑色の葉に入れ替える。
- ● 新しく入れる葉は、ひと回り小さめの葉で枝つきのものが使いやすい。
- ● 色あせが目立つ木の実は、実の部分を切り外す。
- ● 色の変化が少なかったり、明るめの色の花材はそのまま生かす。
- ● プラスする花材は、残す花材よりも明るい花色がよい。

Before

ペッパーベリー ➡ 取る
タイサンボクの葉 ➡ 取る
トウガラシ ➡ 取る
ケイトウ ➡ 残す
ナンキンハゼの実 ➡ 残す

A　　　　B

新たに用意する花材

A レモンリーフ　約45㎝ 5〜6本
B シンカルファ（エバーラスティング）
約30㎝ 6〜7本

作り方のポイント

茶色くなったタイサンボクの葉だけを枝から切り離す。枝は土台として使うので切らない。トウガラシとペッパーベリーをつけ根で切り外す。ケイトウとナンキンハゼは残す。レモンリーフを35㎝、27㎝、23㎝、20㎝2本、17㎝に切り、枝の切り口にグルーをつけて差し込み、固定する。次にシンカルファを21㎝、20㎝、18㎝、15㎝、14㎝、10㎝2本に切り、茎の切り口にグルーをつけて差し込み、固定する。

After

●出来上がりサイズ：長さ48㎝、幅35㎝

レモンリーフの葉でさわやかな印象に。シンカルファのつややかな花がケイトウとナンキンハゼの実に調和します。

レモンリーフ
20cm
17cm
27cm
23cm
20cm
35cm

シンカルファ
14cm　10cm
10cm
20cm
15cm
18cm
21cm

落ち葉でシックな花束を

●出来上がりサイズ：カツラの葉 長さ約23cm、幅約15cm／
カシワバアジサイの葉 長さ約25cm、幅約17cm／
シロタエギクの葉 長さ約50cm、幅約24cm

難易度……★
材料………**生花**

散歩中の足元に舞っている落ち葉や、庭で色づいている葉をみつけて、秋ならではのブーケに。紅葉している葉や美しい葉をさっとまとめ、リボンや木の実を添えて楽しみましょう。

カツラの葉

シロタエギクの葉

カシワバアジサイの葉

用意するもの

A **シロタエギク シルバーダストの葉** 20枚
B **クヌギの実** 2個
C **紅葉したカツラの葉** 25枚
D **紅葉したカシワバアジサイの葉** 13枚

地巻きワイヤー＃28（茶・白）、
クラフト用ハサミ、ベルベットのリボン（薄茶、幅10mm×
100cm）、コットンヤーン（オレンジ、幅5mm×70cm）、
ラフリネンのリボン（ベージュ、幅4cm×12cmと85cm）、
グルーガン、グルースティック、グルーパッド

A

C

D

B

シロタエギクの葉

1
10枚
上
10枚
下
重ねて中央をワイヤーで縛る

シロタエギクの葉を10枚1組み
にして、二つ折りにした白いワイ
ヤーで葉の下を巻いて縛る。これ
を2組み作り、上下に並べて
茎を重ね、中央をワイヤーで3
回巻きつけ、ねじって固定する。

2

ベルベットのリボンを少しずらし
て二つ折りにし、上側を輪にし
て1の中央でワイヤーを隠すよう
に結ぶ。

3

2つを斜めに配置する

クヌギの実を2つ、帽子部分の
先端にグルーをつけ、2のリボンの
結び目の上に斜めに取り付ける。

カツラの葉

1
そのまま
二つ折り

二つ折りにした葉を3枚集めて
芯にして、そのままの葉2枚で
外側を包む。二つ折りにした茶
色のワイヤーを2回巻きつけてか
らねじり、小さな束を作る。

2
5組み

1を5組み作って1つにまとめ、
外側から二つ折りにしたワイヤー
を巻きつけてねじり、固定する。

3
ラフリネン
12cm

2の下側にラフリネンのリボン12
cmを巻き、上からコットンヤーン
を二つ折りにして片結びにする。

カシワバアジサイの葉

1
後ろ側を高く
表を外側に
13枚
手前を低く

カシワバアジサイの葉13枚は、
表を外側にして二つ折りにする。
手前を低く、後ろ側を高くなるよ
うに束ねる。

2

茶色のワイヤーを二つ折りにし、
葉の下側に2～3回巻きつけて
からねじって固定する。

3

ラフリネンのリボン85cmをリボン結
びにする。結んだリボンの中央に
ワイヤーをかけ、2のワイヤーの上
からねじって固定し、取り付ける。

69

イチョウの葉のガーランド

●出来上がりサイズ：長さ約80㎝、幅約30㎝

紅葉したイチョウの葉を主役にしたガーランドです。長いベアグラスを丸めてつなげ、クルクルと動きがある葉の形を生かしましょう。花のようにかわいいシャラの実がアクセント。

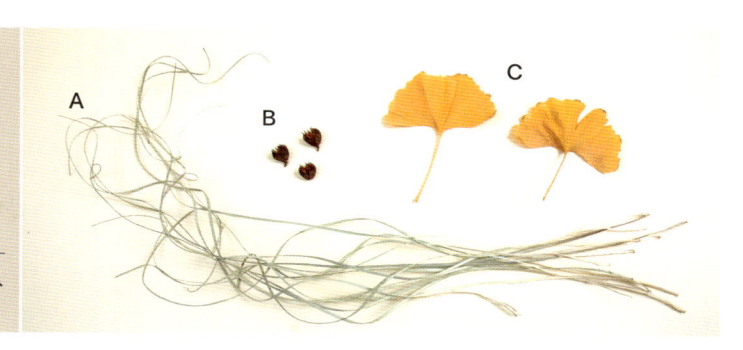

用意するもの

A ベアグラス 約70cm 12本
B シャラの実 3個
C 紅葉したイチョウの葉 9枚

- -
地巻きワイヤー#28（緑）、クラフト用ハサミ、
グルーガン、グルースティック、グルーパッド

1

吊り下げ用の輪
ベアグラス4本
13cm
支点
イチョウの葉
3枚
直径5〜6cm

ベアグラスを4本根元でそろえて13cmの位置で直径5〜6cmの輪を作り、支点にイチョウの葉3枚を合わせる。二つ折りにしたワイヤーで2〜3回巻いてからねじって固定する。ワイヤーの輪の部分を開き、吊り下げ用の輪にする。

2

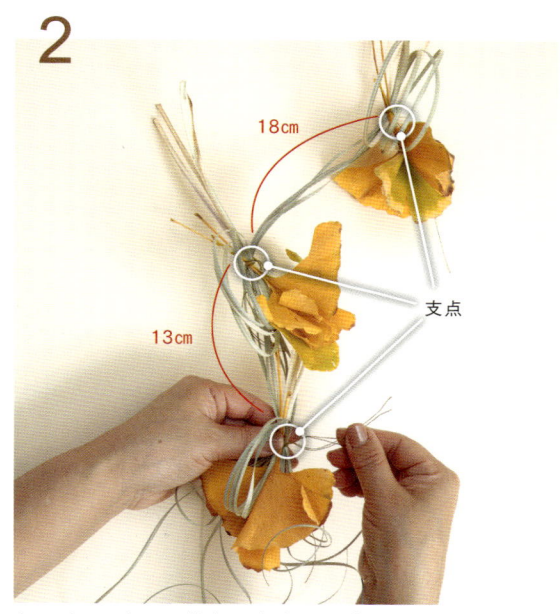

18cm
13cm
支点

1のパーツを3つ作り、支点を固定したワイヤーの残りで2つめと3つめをつなげる。2つめは支点から長さ18cm下にワイヤーを巻きつけて固定し、3つめは支点から13cm下に取り付ける。

3

少しあばれている感じに

2を吊るすかスタンドにかけ、2の支点のワイヤーの上に、シャラの実の下側にグルーをつけてワイヤーを隠すように3か所に取り付ける。3つめのベアグラスの先端は、少しあばれているくらいがかわいい。

ハロウィンの
バスケットアレンジ

難易度……★★
材料………ドライ

●出来上がりサイズ：幅23cm、高さ17cm

玄関ホールやテーブル回りに似合う、カボチャなどのモチーフを「大人のハロウィン」にアレンジ。グレビレアの葉のコントラストを生かし、落ち着いたオレンジ色で統一感を出して。

A ニゲラ ブラックポッドの実　約40㎝ 10本
B ヒマワリ プロカットレッド　　約35㎝ 3本
C ドライアンドラ フォルモーサ　約30㎝ 2本
D ノバラの実　約25㎝ 1本
E グレビレア ゴールド　約45㎝ 2〜3本

ラフィアのバスケット（直径12㎝、高さ9㎝）、
クラフト用ハサミ、剪定バサミ、グルーガン、グルースティック、
グルーパッド、コットンヤーン（オレンジ、幅5㎜×50㎝）

1

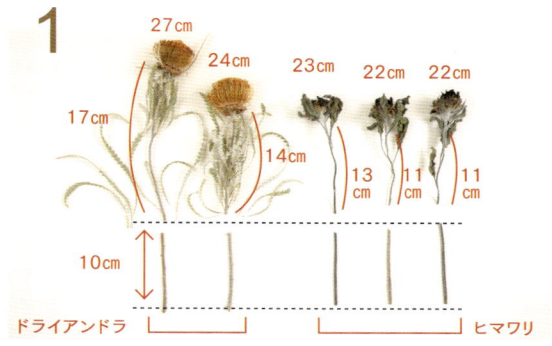

ドライアンドラとヒマワリを写真の長さに切り分ける。

2

星形をイメージ

1で10㎝に切った茎5本をバスケットの中に突っ張り棒
のように入れて内側に仕切りを作る。少しきついぐらいの
方が、仕切りがずれない。これが花留めになる。

3

グレビレアの葉、
6本すべて
15㎝

ドライアンドラ
17㎝

14㎝

グレビレアの葉を15㎝6本に切る。1で切ったドライア
ンドラを写真のように配置し、周りにグレビレアの葉を
入れる。

4

11㎝

ヒマワリ

13㎝

1で切ったヒマワリは13㎝を手前のドライアンドラの近
くに差し入れ、11㎝を後方のドライアンドラをはさむよ
うに入れる。

5

ニゲラの実の小
18㎝5本

ニゲラの実の大
15㎝5本

ニゲラの実を大15㎝5本、小18㎝5本に切り、大は
手前のドライアンドラの周りに入れ、小は後方に入れる。
ドライアンドラの葉はドライアンドラの花の周囲に入れる。

6

グルーで固定する

ノバラの枝を23㎝に切りバスケットの右側面の網目に差
し込み、グルーで固定する。枝にコットンヤーンを結ぶ。
残った花材は隙間にバランスよく差し入れる。

小さな花と実をトレイに

難易度 ‥‥‥ ★★
材料 ‥‥‥‥ ドライ

●出来上がりサイズ：長さ40㎝、幅17㎝、厚さ12㎝

木の枝を仕切りに使い、花や実の個性を生かして、区切ったスペースにひとつひとつの材料をていねいに詰めます。浅い木製トレイを埋め尽くし、高低差や動きをつけて立体感を出すのがコツです。

用意するもの

A ヤシャブシの枝 約60cm 1本

B カラマツの実 2〜4cm 15〜16個

C シナモンスティック 太さ1×長さ4cm 16本

D ナンキンハゼの実 約15cm 3本

E バラ ブルーグラビティ 6本

F リモニウム デュモサ 約45cm 2〜3本

木製トレイ（30×14cm、厚さ2.3cm）、クラフト用ハサミ、剪定バサミ、グルーガン、グルースティック、グルーパッド、ピンセット

1

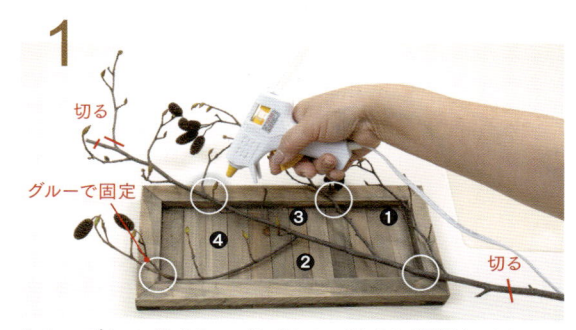

ヤシャブシの枝をトレイに当て、斜めに配置して4つのスペースになるようにグルーで固定する。グルーが固まったら余分な枝を切る。

2

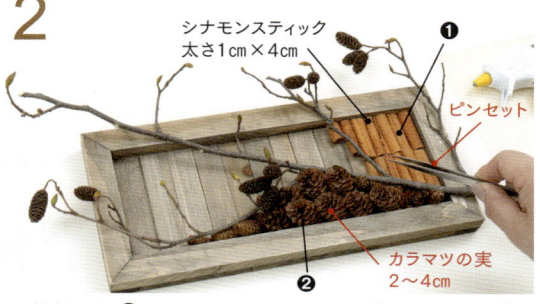

1で仕切った❷のスペースにカラマツの実を15〜16個、実の下側にグルーをつけて取り付ける。次に❶にシナモンスティックを写真のように16本、長さを調節しながらグルーでつける。

3

バラ6本に茎を2〜3cmつけて切り、❸にジグザグに配置し、茎の先にグルーをつけて固定する。隙間にはバラの葉をグルーでつける。ヤシャブシの枝を隠さないのがコツ。

4

リモニウムを15〜18cmに13本切り分ける。❹に右奥の中心に向かって差し入れ、茎の先にグルーをつけて敷き詰めるように取り付ける。

5

ヤシャブシの実つきの枝9cm2本を、前側に動きをつけてグルーで枝につける。ナンキンハゼの実つき枝を15cm1本と12cm2本に切り、少し飛び出すようにグルーでつける。

秋の花のトピアリー

●出来上がりサイズ：aタイプ 直径約8cm、高さ22cm／bタイプ 直径約8cm、高さ25cm

bタイプ

aタイプ

花材の茎を支柱にしてテラコッタの
チャイカップや小さな鉢に挿し、花
材をボール状に接着して作るトピアリ
ーです。花材を同じ長さにして、対
角線上にグルーでつけていきます。

A リンドウ（白）　約60cm 1本
B リンドウ（ピンク）　約60cm 1本
C アジサイ　直径7～8cm 1本
D 実つきマートル　40～50cm 1本

チャイカップまたは小さな鉢（直径7～8cm、高さ6～7cm）、
クラフト用ハサミ、グルーガン、グルースティック、
グルーパッド、木工用接着剤、カッター、フローラルフォーム

［aタイプ］　＊bタイプは、2の茎を18cmにし、ピンクのリンドウを使って同様に作る。

1

フローラルフォームを器の形に合わせてカッターで切る。上面の角を落として面取りし、こんもりと山状に。白のリンドウは花を切り、茎だけにする。

2

グルーで放射状に

木工用接着剤

リンドウの茎を16cmに切る。マートルの枝を3cm3本に切り、リンドウの茎の先端にグルーで放射状につけ、接着剤をつけて1に差し込む。

3

3cm

マートルの実つきの枝を3cmに切り、枝の下側にグルーをつけて2の土台の中央につける。

4

同様に3cmに切ったマートルを7本、枝の下側にグルーをつけて対角線状につけていく。

5

3.5cm

リンドウの花を3.5cm8本に切り、4の隙間へ対角線状にグルーでつけていく。

6

アジサイを3cmのパーツに8～10個切り、5の隙間へ対角線状にグルーでつける。

7

リンドウの葉を5～6枚切り、グルーで6の隙間につける。

8

アジサイの花を1つずつパーツとして切り、フローラルフォームの表面を覆うようにグルーでつける。

9

リンドウの葉2枚とマートルの実を3本切り、8の中央にグルーでつける。

花をまとうバスケット

●出来上がりサイズ：高さ23㎝、幅24㎝

難易度 ····· ★★★
材料 ········ ドライ

花に水が不要なドライフラワーだからこそのアレンジ。取っ手や縁、側面に花をあしらい、バスケットの中には物を入れられます。レースのチーフを敷いてリングピローの代わりにしてもステキです。

用意するもの

A アイビー パーサリー　約60㎝ 2本

B ダリア NAMAHAGE REIWA　3本

C ラムズイヤー　40〜50㎝ 3本

D セロシア シャロン　約40㎝ 2〜3本

バスケット（18×16㎝、高さ23㎝）、
地巻きワイヤー＃28（茶）、クラフト用ハサミ、
グルーガン、グルースティック、グルーパッド

1

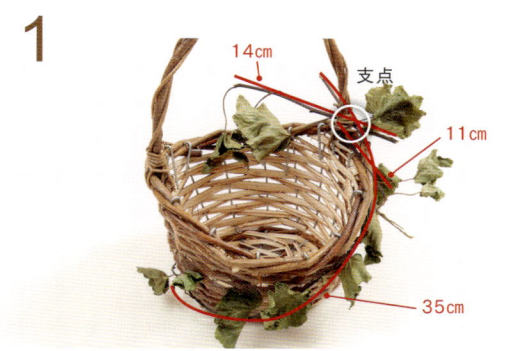

アイビーを35㎝、14㎝、11㎝に切り分け、支点から放射状にワイヤーでバスケットに取り付ける。ワイヤーはバスケットに差してねじり、内側に隠す。

2

アイビーの葉を6枚切り、葉柄の先にグルーをつけて線で囲んだエリアのバスケットの側面に取り付ける。

3

ダリアを大5㎝、中7㎝、小9㎝に切り、向きをつけて茎にグルーをつけて取り付ける。

4

ラムズイヤーを7㎝2本、9㎝4本、11㎝1本に切り分ける。ダリアを取り囲むように茎の下側にグルーをつけて、支点から流れをつけながら接着する。

5

セロシアを11㎝2本、8㎝3本、6㎝5本に切り分けて茎の下側にグルーをつけ、写真の各エリアにバランスよく取り付ける。残った穂先や葉は、隙間にグルーでつける。

ベアグラスのミニリース

●出来上がりサイズ：長さ約16㎝、幅約12㎝

さらりと長いベアグラスをまとめて、小さな
リースベースに。マットで淡い緑色を生かし
て、同系色のフランネルフラワーやシロタエ
ギクの葉でまとめました。少しの花と葉で
も、シンプルでおしゃれにできます。

A ベアグラス　約70cm 15本

B フランネルフラワー ファンシーマリエ
約30cm 4本

C シロタエギク ニュールック　約30cm 1本

地巻きワイヤー＃28（緑）、クラフト用ハサミ、
グルーガン、グルースティック、グルーパッド

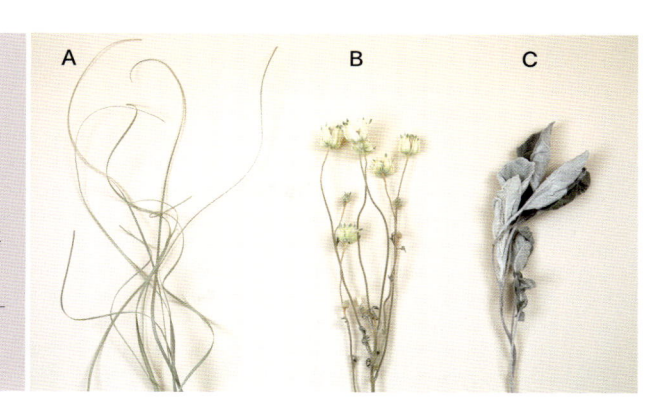

A　B　C

1

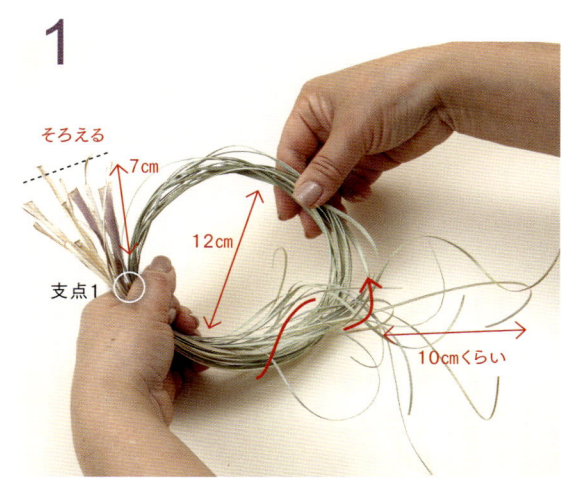

そろえる
7cm
12cm
支点1
10cmくらい

ベアグラスの葉を15本根元でそろえて7cmの位置を支点1として直径約12cmの輪を作る。葉の先端は輪の内側に絡めながら丸め、葉先は10cm残して遊ばせる。

2

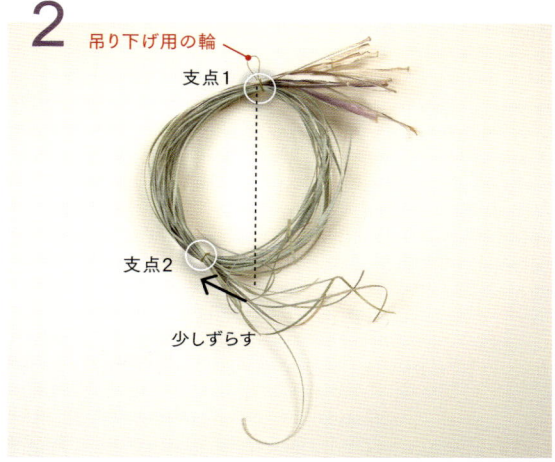

吊り下げ用の輪
支点1
支点2
少しずらす

支点1を二つ折りにしたワイヤーで2〜3回巻いてからねじって固定する。ワイヤーの輪の部分を開き、吊り下げ用の輪にする。支点1の真下から少し左にずらした位置を支点2とし、二つ折りにしたワイヤーで2〜3回巻いてからねじって固定する。

3

支点1
大
大
小
小
中
支点2

シロタエギクの葉は、葉柄をつけて5枚切り、パーツを作る。支点1に大きな葉をグルーで取り付け、支点2までの間に大、中、小と3枚の葉をグルーでつける。支点2からベアグラスの葉先の間に小の葉1枚をグルーでつける。

4

フランネルフラワーの花
茎を2cmつけて3本
つぼみ4cmを3本

支点1のワイヤーを隠すように、茎を2cmくらい残したフランネルフラワーの茎にグルーをつけて3本取り付ける。長さ4cmに切ったフランネルフラワーのつぼみ3本は、茎にグルーをつけ、矢印の向きに流れをつけて取り付ける。

古材に飾るクリスマスツリー

難易度 ····· ★★
材料 ········ ドライ

●出来上がりサイズ：長さ37㎝、幅13㎝、厚さ8㎝

味わい深い色や質感の
ある古材に、木の実や
葉をグルーでつけただけ
の、場所をとらないクリ
スマスツリー。壁やテー
ブルの上などに気軽に
飾れて、立体感もありま
す。リボンを変えれば、
長く飾れます。

用意するもの

A キンポウジュの枝　約50cm 1本
B リューカデンドロン ジェイドパール　約30cm 2本
C バラの実 センセーショナルファンタジー　約30cm 3本
D ストローブマツの実　13〜14cm 3個
E シナモンスティック　太さ1cm×8cm 2本

古材の板（37×13cm、厚さ2cm）、クラフト用ハサミ、剪定バサミ、グルーガン、グルースティック、グルーパッド、リボン（幅1×25cm）

1

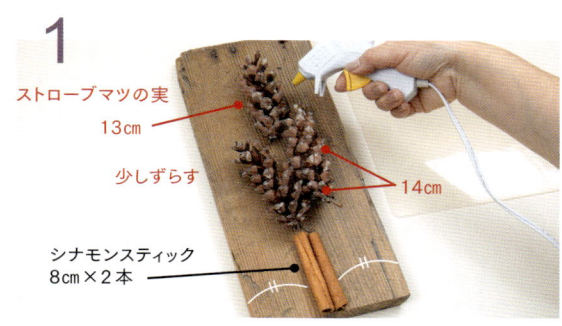

ストローブマツの実
13cm
少しずらす
14cm
シナモンスティック
8cm×2本

板の下側の中央にシナモンスティック2本を並べ、側面にグルーをつけて取り付ける。長さ14cmのストローブマツの実を少しずらして2個、上の中央に長さ13cmのストローブマツの実をグルーで固定する。

2

キンポウジュの枝を7cm 12本に切り、枝の下側にグルーをつけて写真のように下側から上に向かってストローブマツの間に取り付ける。一番下は4本つけ、徐々に本数を減らしていく。

3

端は板の裏に留める

リボンをシナモンスティックの上側にグルーで取り付け、リボンの端は板の裏側にグルーで留める。

4

ジグザグに

リューカデンドロン
4cm×9本

リューカデンドロンを4cm 9本に切り分ける。茎の先にグルーをつけて、下側からジグザグに配置し、キンポウジュの葉の間に取り付ける。

5

動きを出して
ジグザグに

バラの実
5cm×15本

バラの実つきの枝5cm 15本を、枝にグルーをつけて下側からキンポウジュの間に動きを出し、ジグザグに配置する。

バレンタインの
スクウェアフレーム

難易度 ····· ★★
材料 ········ ドライ

●出来上がりサイズ：高さ23cm、幅32cm

チョコレートを添えて贈りたい、ちょっとしたプレゼントにも喜ばれる四角いリース。2ポイントなので作りやすく、はじめてでもバランスをとりやすいです。枠を作るツイッグロープ*は、ワイヤーで代用できます。

＊造花用の資材で、つる性植物を模倣したもの。ワイヤーで代用する場合は、盆栽用アルミ線太さ1.0mmや100円ショップの自在ワイヤー太さ1.0mmなどの曲げやすいものに茶色のフローラテープを巻いて。

用意するもの

A セイヨウニンジンボク プルプレア　約50cm 4本
B ケイトウ 久留米系(赤)　20〜30cm 2本
C バラ セドナ!　40〜50cm 2本
D カンガルーポー(ワインレッド)　40〜50cm 2本

ツイッグロープ(100cm×7本)、地巻きワイヤー#28(茶)、
クラフト用ハサミ、剪定バサミ、グルーガン、グルースティック、グルーパッド

1

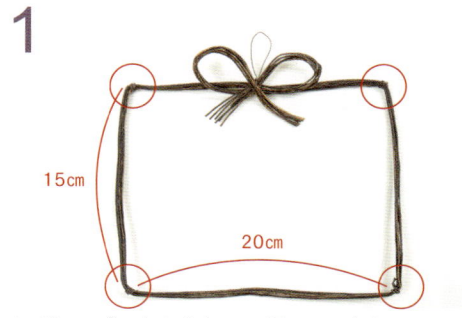

ツイッグロープ7本を束ねて、幅20cm高さ15cmの四角い枠を作り、上の中心はリボン状に曲げる。4つの角は二つ折りにしたワイヤーを巻きつけて固定し、上の中心は巻きつけて固定した後に吊り下げ用の輪を作る。

2

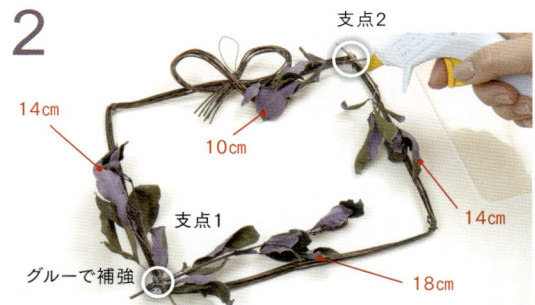

セイヨウニンジンボクを10cm1本、14cm2本、18cm1本に切り分け、二つ折りにしたワイヤーを巻きつけてねじり、写真のように左下と右上に固定する。ワイヤーの上からグルーをつけて動かないように補強する。

3

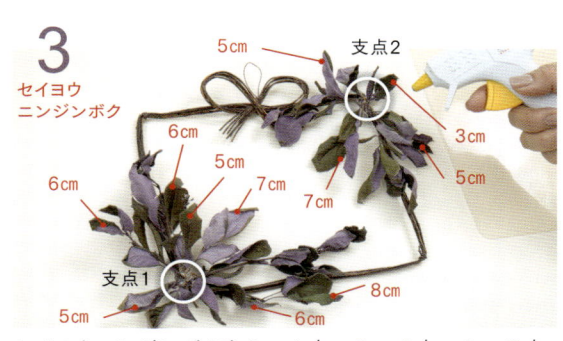

セイヨウニンジンボクを3cm1本、5cm4本、6cm3本、7cm2本、8cm1本に切り分ける。茎にグルーをつけ、2か所の支点を中心にして枠に固定する。

4

バラを5cm2本、6cm2本、7cm1本、10cm1本、11cm1本に切り分ける。茎の下にグルーをつけて写真のように枠に向かって差し込むようにつける。

5

ケイトウを大4〜5cm3本と小3〜4cm5本に切る。写真を参考に大を左下に3本、小を右上に3本と左下の上下に1本ずつ、茎にグルーをつけて差し込んで取り付ける。

6

カンガルーポーを5cm1本、6cm4本、7cm2本、8cm1本に切り分け、茎にグルーをつけて写真のように取り付ける。残ったセイヨウニンジンボクの葉をグルーでバランスよく足し入れる。

クリスマスとお正月のスワッグ

●出来上がりサイズ：長さ37cm、幅15cm

難易度……★★★
材料………ドライ

大きなシャクヤクを贅沢に使い、特別感を出したスワッグです。シルバーのリボンでクリスマスの華やかさを演出し、年末になったら水引をプラス。松の内がすぎたら水引を外し、好みのリボンに取り替えると長く楽しめます。

A　B　C　D

1

つぼみつきで2〜3本に枝分かれしているアセビ40cmを芯にして、ケイトウ17cm、12cm、10cmを各1本扇形に束ね、緑のワイヤーを二つ折りにしたものを元側に巻きつけ、ねじって固定する。

2

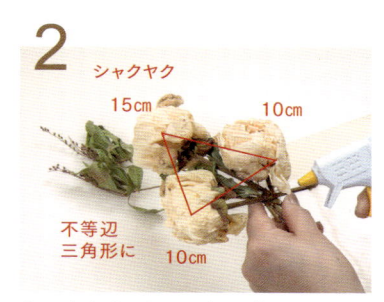

1の上から10cmに切ったシャクヤク2本、15cm1本を写真のように不等辺三角形に配置する。上から二つ折りのワイヤーで縛って固定し、さらに上からグルーで動かないように補強する。

3

2のシャクヤクの下側に2〜3本に枝分かれしたアセビ14cmを左右から各1本差し入れ、すべての枝を上から二つ折りのワイヤーで縛って固定する。このワイヤーの輪を広げて吊り下げ用の輪を作る。

4

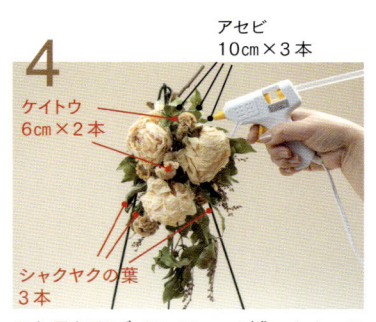

3を吊り下げてワイヤーで縛ったところに10cm3本に切ったアセビの枝をグルーでつけてワイヤーを隠す。シャクヤクの花の近くにグルーでシャクヤクの葉3本を取り付ける。6cmに切ったケイトウ2本を写真のようにグルーでつける。

5

ビバーナムを7cm、8cm、10cm、14cmに切り分ける。枝にグルーをつけて写真のようにジグザグに差し込んで固定する。飛び出した枝を自然な長さに切る。

6

リボンを長さを少しずらしてリボン結びにする。中心に二つ折りにした緑のワイヤーをかけ、吊り下げたときに左上になるようにワイヤーをかけてひねり、固定する。

7

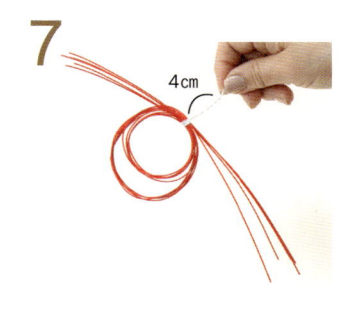

水引を5本そろえて束にし、2重の輪を作る。中心に白いワイヤーを巻きつけて固定し、2本のワイヤーをねじってまとめる。まとめた部分は4cmくらいに切り、取り付ける際の脚にする。

8

お正月の前に7の白いワイヤーの脚の先にグルーをつけ、2つのシャクヤクの中央に取り付ける。

きれいに乾かなかった 花材のリカバリー

花がくしゃくしゃになったアジサイや、つぼみが咲かないシャクヤクなども、「失敗した？」と心配しなくて大丈夫。個性を生かして、かわいく飾れます。

きれいに乾かなかった例

A　B

A アジサイは花にハリがなく、縮んだまま固まってしまうことが多い。

B シャクヤクはつぼみのままで咲かなかったり、花が開ききらないことがある。

［ Aアジサイを台や皿に ］

花が縮んでしまっても、色がきれいに残っていれば使えます。アレンジの中に混ぜて利用するほか、普段使いのココットやコンポート台などに切り分けた花と葉を集めて置くだけで、花の持ち味を生かしたアレンジになります。

［ Bシャクヤクを花瓶に ］

きれいに咲かなくても、つぼみのまましっかり乾かせば、表情豊かな花材として活躍します。咲く途中の花も、個性を生かしたアレンジとしてあますところなく活用できるほか、シンプルな花瓶に飾ると生き生きとした姿を楽しめます。

3章

乾かす前と
仕上がりがわかる

四季の
ドライフラワー図鑑
115 種

本書のアレンジメントで使用したものを中心に、
ナチュラルドライフラワーにおすすめの植物を、
季節ごとにご紹介します。
乾かす前と仕上がった状態がよくわかります。

[図鑑の使い方]

生花の状態
その植物の乾か
す前の姿です。

ドライフラワー
ナチュラルドライ
フラワーに仕上
がった状態です。

植物名
その植物の和名
や流通名など。

**品種名や
別名など**
その植物の品種
名や別名などの
補足情報。

Dried

ピンクッション
（タンゴ）

大輪

ヤマモガシ科　リューコスペルマム属

学名はリューコスペルマム・リ
ゴレット。南アフリカ原産の常
緑低木で、オーストラリアで改
良された。濃いオレンジ色で花
が大きい。1〜2本を輪ゴムで
束ねて吊るし、乾燥する。

区分
主な用途によっ
て、大輪、中輪、
小花、葉もの、
枝もの、実もの
の 6 種類に分け
ました。

科名と属名
その植物の分類
を表示しました。

解説
その植物の特徴と乾かし方の
コツや注意を表記しました。

早春から春

花が咲くのが待ち遠しい、ドライフラワー作りに適した時期です。

アネモネ
（ディープブルー）

大輪

キンポウゲ科　イチリンソウ属

大輪でふっくらとした仕上がりになる。庭での開花は2～5月、切り花は11月～翌年4月に流通。茎が太くて水分が多いので、10日以上、花首が硬くなるまで乾燥する。

アリウム
（丹頂、スファエロセファロン）

中輪

ネギ科　アリウム属

つぼみは頂部が赤紫色で、開花すると丸い紫色に。庭では4～6月に咲く。つぼみは乾燥させている間に開花する。茎が茶色になるのが乾いた目安で、2週間以上かかる。

サラサウツギ
（普及種）

枝もの

アジサイ科　ウツギ属

八重咲きで外側の花弁が淡いピンクになる。庭での開花は4月下旬～5月。長過ぎる枝は切り分けてから2～3本を輪ゴムでまとめて吊るして乾かす。比較的乾きやすい。

サンダーソニア
（オーランティアカ）

小花

イヌサフラン科　サンダーソニア属

オレンジ色でベル形の花がぶら下がる姿が人気の塊茎植物。庭での開花は初夏になるが、多くは切り花で2～11月まで流通する。そのままの形で乾き、乾きやすい。

ガーベラ
（イギー）

大輪

キク科　ガーベラ属

花弁が細かく分かれたスパイダー咲き。切り花は通年流通。花が重ならないように高低差をつけて1～2本を輪ゴムでまとめる。花と花の間をあけて吊るし、約2週間乾かす。

Dried

八重咲きコデマリ
（普及種）

枝もの

バラ科　シモツケ属

コデマリの八重咲き種で、ボリュームがある。流通時期は2〜4月。完全に開花してから切り分け、2〜3本を輪ゴムでまとめて吊るして乾かす。比較的乾きやすい。

Dried

シロタエギク
（ニュールック）

葉もの

キク科　セネシオ属

切れ込みが少なく、もふもふの白い毛に覆われているのが特徴。主に早春から流通。葉が厚いので5枚程度までにして短めに切り分け、2〜3本をまとめてしっかり乾かす。

Dried

シロタエギク
（シルバーダスト）

葉もの

キク科　セネシオ属

切れ込みが深いシルバーリーフ。庭では秋から春に、切り花は秋から初夏まで流通。乾燥に時間がかかるため短めに切り分け、2〜3本を束ねて全体が硬くなるまで乾かす。

Dried

スイートピー
（リリー）

小花

マメ科　レンリソウ属

ユリのようなよい香りがある。生花は白色だが、乾かすとアプリコット色に近いクリーム色に。花が重ならないように2〜3本を束ねて吊るす。乾きやすいが湿気に弱い。

Dried

スターチス
（HANABI）

小花

イソマツ科　イソマツ属

花弁が細くてふさふさとつき、花色が鮮やか。新品種のため流通時期が短く、3〜5月くらいまで。乾きやすく、乾燥しても生花の時と花色や姿があまり変わらない。

Dried

西洋ナズナ
（タラスピ オファリム）

小花

アブラナ科　ナズナ属

小さな軍配形の実が多数並び、切り花で人気が出ている。野原に咲くナズナ（ペンペン草）の仲間で、春から夏に流通。3本ほど束ねて短期間で乾かすと、表情が出る。

Dried

Dried

Dried

アセビ
（白花種）

枝もの

ツツジ科　アセビ属

しっかりした葉のついた枝や開花前のつぼみつきの枝を、12〜3月にドライフラワーにする。葉がサラサラして乾燥が早い。切り花では白花と紅花が流通し、開花は2〜4月。

ニゲラ
（ミスジーキル ホワイト）

中輪

キンポウゲ科　クロタネソウ属

糸状に細い苞が白い花をふんわりと包む。開花は4〜7月で、切り花は3月から流通。乾燥するとブルーを帯び、緑の苞に覆われた丸い形になる。乾きやすく、5本ほどを束ねて吊るす。

ヒメウツギ
（普及種）

枝もの

アジサイ科　ウツギ属

庭での開花は4月中旬からで、ウツギの仲間の中では早い。枝を間引くように長めに切り、3本くらいをまとめて乾かす。花と葉がついたままでも短期間で乾きやすい。

Dried

Dried

Dried

マルバウツギ
（普及種）

枝もの

アジサイ科　ウツギ属

小さな5弁の白い花が半手まり状に咲く。庭で4〜5月上旬に開花する。枝が細くてきれいなので、長いまま3本くらいを束ねて吊るし、乾かす。短期間で乾きやすい。

ミモザ
（ミランドール）

枝もの

マメ科　アカシア属

イタリアからの輸入が中心で、1〜3月に流通。完全に開花した枝を3〜5本まとめて束ね、ほかの束にくっつかないように乾かす。早く乾燥する。葉はパラパラと落ちやすい。

ヤツデの実
（普及種）

実もの

ウコギ科　ヤツデ属

1〜3月に流通する生花をドライにする。庭にあるなら黒く熟する前の4月までに切って乾かすのがおすすめ。やや時間がかかるため、茎を短めに切り分けて3本までを束ねて吊るす。

Dried

八重咲きユキヤナギ
（普及種）

枝もの

バラ科　シモツケ属

一重の花よりもボリュームがあり、ドライフラワー向き。流通時期は2月下旬〜4月。しっかり花を咲かせ、長い枝は切り分けてから2〜3本を輪ゴムでまとめ、吊るして乾かす。

Dried

ラナンキュラス
（エシレ）

大輪

キンポウゲ科　キンポウゲ属

1〜5月に流通。水揚げして十分に開花させてから乾かす。花と花の間をあけ、束ねるなら3本までに。花首が動かなくなるまで乾燥させ、湿気に弱いため、保存に注意。

Dried

ラナンキュラス
（エスピノパープル）

大輪

キンポウゲ科　キンポウゲ属

1〜6月を中心に流通。乾燥させると濃い紫になり、退色も少ない。花弁が多いため、花と花の間をあけ、3本くらいを束ねて吊るす。茎が硬くなるまで乾かすのがコツ。

Dried

クリスマスローズ
（ガーデンハイブリッド）

中輪

キンポウゲ科　ヘレボルス属

八重咲きのピンクや紫色がおすすめ。1〜4月に開花。切り花を楽しんだ後でもきれいなドライになる。葉も美しく、アレンジに欠かせない。葉だけをまとめて乾かすとよい。

アレンジの主役や脇役になる、
彩り豊かな
花が咲く季節です。

Dried

アジサイ
（ピンパーネル オーベルジーヌ）

小花

アジサイ科　アジサイ属

海外で作出され、ひと味違う濃い紫色が特徴。主に切り花で流通する。少量の水を入れた花器に放置するか、短く切り分けて1本ずつ吊り下げて、短時間で風通しよく乾かす。

Dried

アジサイ
（ブルー系）

小花

アジサイ科　アジサイ属

きれいに乾かすのが難しい。初夏から秋まで流通。庭の花を長く放置し、水分が減ってから切って乾かすのがおすすめ。切り花は少量の水を入れた花器に放置するか、1本ずつ吊り下げる。

Dried

アスチルベ
（白花種）

小花

ユキノシタ科　チダケサシ属

繊細な小花がふわふわと穂状に咲く。庭で5〜7月に開花し、同時期に流通。3〜5本を重ならないように少しずらして束ね、短時間で風通しよく乾かすと美しく仕上がる。

Dried

アストランチア
（スターオブビリオン）

中輪

セリ科　アストランチア属

白花種の中では花が大きく、先端の緑色がアクセントになる。水分が少ないためドライにしやすい。庭での開花は5〜7月。花は早めあに乾くが、茎が硬くなるまでよく乾かす。

Dried

エリンジウム
（シリウス）

中輪

セリ科　エリンジウム属

さわやかな淡い緑色の花。開花期は6〜8月。乾燥してもほぼ色は変わらず、花の周りにある細長い苞がクルッと内側に丸くなる。すぐに乾燥して退色も少なく、ドライフラワー向き。

Dried

エリンジウム
（オリオン）
中輪

セリ科　エリンジウム属

色鮮やかなドライになるおすすめの花。美しい青色でトゲのある苞が特徴。庭では6〜8月開花するが、切り花は秋まで流通する。風通しのよい環境で乾かせば約3日で乾燥する。

Dried

カシワバアジサイ
（ハーモニー）
小花

アジサイ科　アジサイ属

小さな白い花は八重咲きで、カシワに似た形の葉に円錐状の花房。庭・切り花ともに5〜10月に流通。アジサイの仲間の中では乾きやすい。周囲に触れないように1本ずつ吊るして乾かす。

Dried

サルスベリ
（紅花種）
枝もの

ミソハギ科　サルスベリ属

弁端にフリルがある繊細な花。庭・切り花ともに6〜10月に流通。乾きやすいが切り分けて2本を束ねるとよい。花がやや取れやすいので、間隔をあけて乾燥を。実も乾かして使える。

Dried

サルトリイバラ
（普及種）
枝もの

サルトリイバラ科　シオデ属

茎は細くてトゲがあり、木などにもたれかかってつる状に伸びる。丸い葉のつけ根に2本の巻きひげがある。初夏から秋まで流通し、葉は乾きやすい。丸めてリースベースにも使える。

Dried

シャクヤク
（華燭の典）
大輪

ボタン科　ボタン属

エレガントで濃いめのピンクの八重咲き種。大輪で美しく乾くのでドライにおすすめ。庭・生花ともに4〜6月に流通する。水揚げして、しっかり咲かせてから乾かす（→P.19参照）。

Dried

シャクヤク
（白雪姫）
大輪

ボタン科　ボタン属

代表的な白花の八重咲き大輪種で、入手しやすい。生花は純白だが、乾かすとニュアンスのあるクリーム色になる。4〜6月に流通。葉も使える。十分に開花させてから乾かす（→P.19参照）。

シャラの実
（ナツツバキの実）

実もの

ツバキ科　ナツツバキ属

滑らかな灰褐色の枝のつけ根に、白い一日花が咲く。5〜6月に開花後、淡い褐色の実がつく。乾きやすく、実つきの枝を切り分けて吊るすか、飾ったまま乾かす。

Dried

スモークツリー
（ピンクファー）

枝もの

ウルシ科　ハグマノキ属

煙状の花柄がピンクを帯びた淡い紫色。庭・切り花ともに6〜7月に流通。枝を切り分けて2〜3本束ねて吊るす。部屋に飾りながら乾かしてもよい（→P.16参照）。

Dried

スモークツリー
（ロイヤルパープル）

枝もの

ウルシ科　ハグマノキ属

スモークツリーの濃い紫葉種の葉を、枝ものとして利用。庭・切り花ともに6〜10月に流通。比較的乾きやすい。2〜3本を重ならないように束ねて吊るす。

Dried

デルフィニウム
（オーロラシリーズ）

大輪

キンポウゲ科　ヒエンソウ属

豪華な長い花穂で八重咲きの花がおすすめ。青や紫色の花が人気。庭では5〜6月に咲くが、切り花は通年流通。乾燥に時間がかかり、先端が硬くなるまで乾かす。

Dried

Dried

エノコログサ
（ネコジャラシ）
実もの

イネ科　エノコログサ属

ブラシのように長い穂が「ネコジャラシ」の名で親しまれる。夏から秋にかけて、野山や道端でよく見かける。10本くらいをまとめて束ね、吊るして乾かす。比較的乾きやすい。

Dried

ノアヤメの実
（普及種）
実もの

アヤメ科　アヤメ属

野趣のあるアヤメの仲間で、野山に自生するほか、庭でも育てやすい。5〜7月に花後の果実を茎ごと切り、ユニークな実を利用する。数本を重ならないように束ねて逆さに吊るす。

Dried

ハイブリッドスターチース
（フラミンゴ）
小花

イソマツ科　リモニウム属

明るいピンク色で繊細な小花が多数咲く。乾かすと中心部分は落ちる。茎に翼がなく、乾燥しやすい。庭では5〜7月に開花するが、切り花は秋まで流通。ドライフラワー向きの花（→P.18参照）。

Dried

バラ
（インフューズドピンク）
大輪

バラ科　バラ属

濃いピンクがにじむ剣弁高芯咲きで春から秋まで流通。ゴムびきの軍手でトゲを取り、1〜2本を束ねて吊るし、花首が動かなくなるまで乾かす。完全に乾くまで、やや時間がかかる。

Dried

バラ
（セドナ！）
中輪

バラ科　バラ属

白地で弁端が赤になるスプレー咲き。乾かしても花形が乱れず、2色の表情が美しい。春から秋まで流通。切り分けて1〜2本を束ねて吊るし、花首が動かなくなるまで乾かす。

Dried

バラ
（スターリングセンセーション）
中輪

バラ科　バラ属

薄紫色でスプレー咲き。すがすがしく甘い香りがある。切り花が春から秋まで流通。切り分けてトゲを取り、下葉を少し落として2〜3本を束ねて吊るす。花首が動かなくなるまで乾かす。

Dried

バラ
（ピスカップ）

大輪

バラ科　バラ属

レモンイエローの半剣弁カップ咲き。房咲きでトゲがなく、扱いやすい。庭では初夏と秋に開花し、切り花は春から秋まで流通する。切り分けて下葉を落として乾かす。

Dried

バラ
（バンビーナホワイト）

中輪

バラ科　バラ属

クリーム色のコロンとした花形。花数が多いスプレー咲きで、庭でも切り花でも初夏と秋に開花。トゲと下葉を少し落として3本ほど束ねて吊るし、しっかり乾かす。

Dried

バラ
（デザート）

大輪

バラ科　バラ属

品種名は「砂漠」を意味し、内側がクリーム色で外弁が緑色。大輪で春から秋まで開花。切り分けて下葉を落として3本束ねて吊るし、花首が動かなくなるまで乾かす。

Dried

バラ
（レイロウ！）

中輪

バラ科　バラ属

表が濃く、裏が淡いピンク色のカップ咲き。スプレー咲きでボリュームがある。水揚げして下葉を少し落として2〜3本束ねて吊るし、花首が動かなくなるまで乾かす。

ジニア
（クイーンレッドライム）
大輪

キク科　ヒャクニチソウ属

豪華な八重咲きで色幅がある2色咲き。切り花を中心に6～10月に流通。花が重ならないように2～3本を束ね、吊るして乾かす。花や茎、葉が強く、ドライフラワー向き。

ヒペリカム
（マジカルトリンプ）
実もの

オトギリソウ科　オトギリソウ属

初夏に黄色い花が咲き、可憐な赤い実がつく。実つきの枝は6～9月に流通。どの色の実でも乾くと黒になる。乾きにくいため、切り分けて葉と葉の間をあけて2～3本に束ねる。

ヒマワリ
（サンリッチ ライチ）
大輪

キク科　ヒマワリ属

クリーム色に淡い茶色が入る2色咲きで花粉が出にくく、茎が丈夫。庭では7～8月、切り花は6～9月に流通。1本ずつ乾かすのがおすすめ。花に段差をつけて2～3本束ねてもよい。

アメリカノリノキ
旧アメリカアジサイ(ピンクのアナベル)
小花

アジサイ科　アジサイ属

ピンク色の小花が手まり状に咲くアジサイの仲間で、6～7月に開花。開花が進んでやや色が落ち着き、カサカサしてきたら切る。1本ずつ吊るして乾かすか、花瓶に挿したまま乾かす。

フランネルフラワー
（ファンシーマリエ）
中輪

セリ科　アクチノータス属

ふわふわした感触でドライフラワー向き。四季咲き性があり、初夏を中心に通年流通。繊細なので輪ゴムで束ねる際は傷つけないように。1～2本ずつ吊るすと表情豊かに乾く。

ホップ
（カスケード）
小花

アサ科　カラハナソウ属

ビールに風味をつけるハーブの仲間。雌雄異株で、薄緑の花穂がつくのは雌株。つるは約10m伸びる。数本を束ねて吊るすか、つるを丸めて飾りながら乾かす。繊細なので扱いに注意。

Dried

マトリカリア
（シングル ペグモ）
小花

キク科　タナセツム属

可憐な小花で、白い舌状花の中心に黄色い筒状花がある。庭・切り花ともに5〜7月に流通。10本ほど束ねて吊るす。やや時間がかかるが、花首が固まるまで乾かす。

Dried

マリーゴールド
（ディスカバリー イエロー）
大輪

キク科　マンジュギク属

黄金色の八重咲き大輪種。庭・切り花ともに6〜9月に流通。3本ほど束ねて吊るし、花首が硬くなるまで乾かす。花弁が多いため、乾ききるまで時間がかかる。

Dried

ノリウツギ
（ミナヅキ）
小花

アジサイ科　アジサイ属

白い小花がピラミッド形に咲く。7〜9月に開花。花はすぐには切らず、咲ききって紫色を帯びてきたら枝を短めにつけて切り、1〜2本ずつ吊るして乾かす。早く乾く。

Dried

ヤマボウシ
（白花種）
枝もの

ミズキ科　サンシュユ属

落葉性の白花がおすすめ。流通時期は5〜6月。枝を裂いてしっかり水揚げした後、切り分けて1本ずつ吊るす。比較的乾燥するのが早く、葉も花も5日程度で乾く。

ラークスパー
（カンヌ系）
中輪

キンポウゲ科　コンソリダ属

青紫色の花がおすすめ。庭・切り花ともに5〜8月に流通。花を重ねず、1本を半分に切って輪ゴムで束ねるか、長いまま2本まとめて吊るす。時間がかかるが先端までよく乾かす。

リモニウム
（デュモサ ホワイトスター）
小花

イソマツ科　リモニウム属

スターチスの仲間で、星形の白い花の中心にピンク色の小花が咲くが、乾燥すると脱落して白い部分だけが残る。庭と切り花ともに5〜7月に流通する。ドライフラワー向きの花。

ラベンダー
（グロッソ）
小花

シソ科　ラベンダー属

青紫色の花穂とすばらしい香りがあるハーブ。開花期は6〜8月で、乾燥してもよい香りと美しい色が残る。10〜15本を輪ゴムで束ね、穂先が硬くなるまで吊るしてよく乾かす。

ルリタマアザミ
（ヴィッチーズブルー）
大輪

キク科　エキノプス属

丸くて先が尖った花で青紫色が冴え、乾燥しても花色が美しい。葉裏や茎が白いのも魅力。庭では5〜8月に咲くが、切り花は秋まで流通。切り分けてつぼみの先までよく乾かす（→P.17参照）。

コムギ
（普及種）
実もの

イネ科　コムギ属

さわやかな青い穂が魅力で、年末から3月と初夏から夏に流通する。ドライフラワーに向き、乾燥しても生花の時と見た目があまり変わらない。15本くらいまでなら束ねて乾燥できる。

ニゲラの実
（ブラックポッド）
実もの

キンポウゲ科　クロタネソウ属

濃い茶褐色の実。庭で4〜7月に白い花が咲き、実の切り花は5〜8月に流通。次々に実がふくらむので20〜30㎝で切り、約10本を束ねて吊るす。花もドライフラワーに向く。

［秋から冬］

シックでニュアンスカラーの
花や、かわいい実が
いっぱいです。

Dried

アロニアの実
（西洋カマツカ）

実もの

バラ科　カナメモチ属

4〜5月に白い5弁の花が集まって咲き、9〜11月に実が熟する。実つきの枝を40〜50cmに切り、葉や実が重ならないように1〜2本で吊るす。実がきれいに乾かす。

Dried

イチョウの葉
（普及種）

葉もの

イチョウ科　イチョウ属

街路樹などでおなじみの落葉樹で、秋に黄金色に紅葉する。紅葉した葉は水分が少ないため、そのままアレンジに使っても飾っている間に乾く。葉は必ず紅葉してから使う。

Dried

センニンソウの実
（クレマチスの原種）

実もの

キンポウゲ科　クレマチス属

7〜10月に白い小花を多数咲かせ、9〜11月に綿毛のような球果をつける。つるを長めに切り、繊細なふわふわした実がくっつかないように1〜2本ずつ吊るして乾かす。

Dried

オヤマボクチ
（普及種）

中輪

キク科　ヤマボクチ属

アザミの仲間で、秋に表が淡い緑色で裏が暗紫色のユニークな花が咲く。茎を30〜40cmに切り分け、2本を背中合わせにして輪ゴムで束ねて吊るす。乾いても姿が変わらない。

Dried

クレマチス シルホサの実
（冬咲きの原種）

実もの

キンポウゲ科　クレマチス属

10月〜翌年5月まで白い花が咲き、花後に乳白色の球果ができる。花が終わった花がらを切って干しておくと、丸くてふわふわのドライフラワーになる。つぶさないように注意する。

Dried

ダリア
（マルガリータ）

大輪

キク科　ダリア属

透明感のあるピンク色と白の2色咲きで初夏から秋まで開花。乾かすと茎が細くなるため短めに切る。花が大きいので1本ずつ吊るし、花弁が繊細なため間隔をあけて乾かす。

Dried

ダリア
（NAMAHAGE REIWA）

大輪

キク科　ダリア属

秋田県オリジナル品種でシックな赤紫色。夏から秋に開花。茎は短めに切り、花が重ならないように段差をつけて2本を輪ゴムで束ねて吊るし、花首が固まるまでよく乾かす。

Dried

ダリア
（エタニティロマンス）

大輪

キク科　ダリア属

ピンク色に黄色が混じり合い、花もちがよい大輪種。夏から秋に開花。乾かすとやや濃い色になる。茎は短めに切って間隔をあけて1〜2本吊るし、2週間ほどよく乾かす。

Dried

キク
（オーロラ）

中輪

キク科　キク属

ライムカラーと淡いピンクの混じったスプレーマム。開花期は10〜11月で、花もちがよい。切り分けて2〜3本を束ねて吊るし、花首が固まるまで時間をかけてしっかりと乾かす。

Dried

Dried

バラの実
（センセーショナルファンタジー）

実もの

バラ科　バラ属

春にピンク色の花が咲くオールドローズで、7月から実が赤く熟する。トゲが少ない。大きな円形の実が赤くなったら収穫し、飾りながら乾かしてもよい。実にシワが入ることがある。

Dried

ケイトウ
（久留米系 黄色）

大輪

ヒユ科　セロシア属

厚みのある久留米ゲイトウの黄色は、乾燥すると黄土色になる。主に9〜10月に流通。風通しに注意して2本くらいまでを段差をつけて束ねて吊るし、花の内側までよく乾かす。

Dried

シラカバ
（ベチュラ プラティフィラ）

枝もの

カバノキ科　カバノキ属

冷涼な気候を好み、大きく育たないと幹が白くならない。秋に枝を切り、50〜60㎝ならそのまま10本ほど束ねて乾かす。長いまま丸めてリースベースにも。早く乾き、長もちする。

ストローブマツの実
（イースタンホワイトパイン）

実もの

マツ科　マツ属

コウヨウザンの実
（広葉杉）

実もの

ヒノキ科　コウヨウザン属

ストローブマツの実は、北米原産の巨大なマツの仲間で白い樹脂がつく細長い松ぼっくり。水で洗って乾燥後、食品保存用袋に入れて冷凍庫に10日以上置く。コウヨウザンの実は水で洗って乾燥後、同様に冷凍庫に。

Dried

シランの実
（普及種）

実もの

ラン科　シラン属

5〜6月に紫色か白色の花が咲く丈夫なランの仲間。夏から秋に実が褐色に熟す。完熟して実が割れる前に、茎ごと切って収穫する。3〜5本を重ならないように束ねて吊るし、乾かす。

Dried

ルナリアの実
（アンヌア）

実もの

アブラナ科　ルナリア属

5〜6月に赤紫色の花を咲かせ、7〜9月にできる直径約4㎝の円盤状のさやをドライフラワーにする。収穫後、さやの皮を指でこすってむき、中のタネを出して束ねて吊るし、乾かす。

Dried

セロシア
（ローズベリーパフェ）

中輪

ヒユ科　セロシア属

ピンク色でキャンドルに火を灯したような花穂。5〜11月に開花・流通。ドライフラワーに向き、乾きやすい。2〜3本を輪ゴムで束ね、先端と花首の茎が硬くなるまでよく乾かす。

Dried

セロシア
（ホルン）

中輪

ヒユ科　セロシア属

ノゲイトウの仲間で、先端が細く、長く白い花穂。5〜11月に開花し、流通する。2〜3本を輪ゴムで束ね、先端と花首の茎が硬くなるまでよく乾かす。ドライフラワー向きの花。

Dried

センニチコウ
（ネオンホワイト）
小花

ヒユ科　センニチコウ属

乾きやすく、花色の変化が少ないためドライフラワー向き。開花期は5〜11月で、咲いたものから順に切り、5本くらい束ねて吊るす。カサカサと音がして茎が硬くなるまで乾かす。

Dried

タンキリマメ
（普及種）
実もの

マメ科　タンキリマメ属

河原に群生し、夏から開花する。秋に実が熟すと果皮が赤くなって黒いタネが見える。つるを束ねて吊るし、水分がなくなって硬くなるまで乾かす。リースベースにもなる。

Dried

ハクウンボクの実
（普及種）
実もの

エゴノキ科　エゴノキ属

5〜6月に白い花を房状に咲かせる。秋に丸くてかわいい実が熟すと、割れて茶色いタネが見える。切り分けてよく乾燥し、リースなどのポイントに。実がはぜても使える。

Dried

ハスの花托
（蓮台）
実もの

ハス科　ハス属

7〜9月に大輪の花を咲かせ、秋に花托ができる。逆さに吊るすと、乾く間に穴が広がって中のタネが落ちる。茎が緑色から茶色になるのを目安に乾かすとよい。

Dried

Dried

ヒオウギの実
（ダルマヒオウギ）
実もの

アヤメ科　ヒオウギ属

6〜8月にオレンジ色で赤い斑点のある花を咲かせる。結実したばかりの楕円形の実は、秋に熟すと黒いタネが連なる。茎は長いままつけて切り、2〜3本をまとめて乾かす。

Dried

ヘクソカズラ
（普及種）
実もの

アカネ科　ヘクソカズラ属

道端などに夏から白いつぼ形で中心が赤紫色の小花を咲かせる。秋に黄土色で可憐な丸い実ができる。つるを長いまま吊るすか、丸めてリースベースに。臭いは乾燥すると軽減する。

ヤシャブシの実
（普及種）
実もの

カバノキ科　ハンノキ属

3〜4月に花を咲かせ、9〜11月に雌花序にユニークな卵形の実をつける。秋に実つきの枝を40〜50cmに切り、2〜3本を輪ゴムで束ねて吊るか、飾りながら乾かしてもよい。

Dried

白花西洋フジバカマ
（コノクリニウム コエレスティヌム アルバ）
中輪

キク科　コノクリニウム属

アゲラタムに似た白いフサフサの花が7〜10月に開花。花が咲ききってから、雨などで濡れていない時に切って収穫する。花が重ならないように5〜6本を束ねて吊るす。

Dried

ユウギリソウ
（コーリンパープル）
小花

キキョウ科　ユウギリソウ属

庭で6〜10月に開花するが、切り花は春と秋から冬に流通。小さな花を傘状に咲かせる。比較的乾きやすい。30cmくらいに切り分け、花と花を離して2本ほどまとめて乾かす。

Dried

リンドウ
（エゾリンドウ系 白花）
中輪

リンドウ科　リンドウ属

清楚な白い花を連ねて、秋に開花する。青花種が多いが、清楚な白花も人気。茎は長めに残し、花が重ならないように間隔をあけて2〜3本を輪ゴムで束ね、しっかりと乾かす。

Dried

リンドウ
（エゾリンドウ系 紅花）
中輪

リンドウ科　リンドウ属

秋を代表する草花の紅花種で、9〜10月に開花。花は日に十分当たらないと開かない。茎が長いまま、3本ほど輪ゴムで束ねる。花が絡まないように間隔をあけて吊るし、よく乾かす。

Dried

ワレモコウ
（普及種）
小花

バラ科　ワレモコウ属

7〜10月に赤茶色で1〜2cmの穂状の花を咲かせる。細長い茎の先に咲く花がかわいい。繊細で茎が長いため、切り分けて花が重ならないように2本くらいを束ねて乾かす。

［通年と海外産］

おしゃれな花や
きれいな葉ものなど、
人気の植物たちです。

Dried

Dried

アイビー
（パーサリー）

葉もの

ウコギ科　キヅタ属

縁にフリルが入るひらひらとした葉形。常緑性のつる性植物で、一般的なアイビーよりも肉厚でドライフラワー向き。葉が取れやすいので2本ほどで束ね、絡まらないように吊り下げる。

Dried

カンガルーポー
（ワインレッド系）

小花

ヘモドラム科　アニゴザントス属

シックな花色が美しい。オーストラリア原産。花と花が絡みやすいため、短く切り分けて数本を束ね、隣の花に当たらないように乾かす。乾燥すると花が落ちやすいので注意。

ドライアンドラ
（フォルモーサ）

大輪

ヤマモガシ科　ドライアンドラ属

オーストラリア原産で、ギザギザと切れ込みが入った葉とオレンジ色の毛羽立ったような花が特徴。湿気に強く、乾いても変化が少ない。1〜2本を輪ゴムで束ねて吊るし、乾かす。

Dried

グレビレア
（ゴールド）

葉もの

ヤマモガシ科　グレビレア属

学名はグレビレア バイレアナ。オーストラリア原産で、裏側が黄金色になる葉が特徴。乾燥しやすくきれいに仕上がり、失敗が少ない。ドライフラワーになってからの退色も少ない。

Dried

銀葉グミ
（シマグミ）

葉もの

グミ科　グミ属

葉の裏面と若い枝に白い毛があり、シルバーを帯びて見応えがある。緑色の表面との対比が美しい。2〜3本を束ねて吊るし、エアコンなどを使って湿度が低い環境で乾かす。

Dried

ゴアナクロウ
（普及種）
葉もの

カヤツリグサ科　カウスティス属

細くてクルクルと巻いた、やわらかい葉と茎がユニーク。オーストラリア原産。曲げても折れにくい。吊るして干しても、そのまま乾燥してもきれいなドライフラワーになる。

Dried

スターチス
（シースルーホワイト）
小花

イソマツ科　イソマツ属

淡いピンクの品種。庭では5〜7月に開花。花のように見えるのは萼（がく）で、先端につく小さな花が落ちやすい。数本をまとめて吊るすか、スワッグのように束ねて飾りながら乾かす。

Dried

セルリア
（ブラッシングブライド）
中輪

ヤマモガシ科　セルリア属

華やかで淡いクリーム色の主役級の花。南アフリカ原産だが、オーストラリアで育種が進み、多くの園芸品種がある。丈夫で乾きやすく、花と花を離して吊るして乾かす。

Dried

ベアグラス
（カレックス・オシメンシス）
葉もの

カヤツリグサ科　スゲ属

細長くシャープな葉をもつグラス類。園芸品種で「ベアグラス」と呼ばれる「エバーゴールド」とは異なる。生花はまっすぐで、乾燥するとカールする。10本くらいを束ねて吊るす。

Dried

ピンクッション
（タンゴ）
大輪

ヤマモガシ科　リューコスペルマム属

学名はリューコスペルマム・リゴレット。南アフリカ原産の常緑低木で、オーストラリアで改良された。濃いオレンジ色で花が大きい。1〜2本を輪ゴムで束ねて吊るし、乾かす。

Dried

フェイジョア
（トライアンフ）
枝もの

フトモモ科　アッカ属

花や実ではなく、枝ものとして使われる。常緑で葉の表面に白い毛があり、シルバーがかって美しい。乾きやすく、3本ほど束ねて吊るす。乾燥すると葉がクルンと丸まる。

Dried

プロテア
（ピンクレディ）
大輪

ヤマモガシ科　プロテア属

透明感のあるピンク色で大輪の
プロテアで、南アフリカ原産の
常緑低木。葉は乾くと褐色を帯
びる。下葉を取り除いて1本ず
つ吊るすか、花器に水を入れ
ずに飾りながら乾かす。

Dried

プロテア
（ホワイトナイト）
大輪

ヤマモガシ科　プロテア属

南アフリカ原産の常緑低木で、
白い花と黒い中心部分が印象的。
下葉を取り除いて1本ずつ吊る
す。花から蜜や樹液が出てくる
ことがあるので、できるだけ短
時間で乾かす。

Dried

リューカデンドロン
（ゴールドストライク）
大輪

ヤマモガシ科　リューカデンドロン属

枝の先に明るい黄緑色の花が
つき、ほかの花材とも調和しや
すい。葉もきれいなので、でき
るだけ切らずに残し、2本くら
いを輪ゴムで束ねて吊る。乾
燥すると花が開く。

Dried

リューカデンドロン
（プルモーサム）
中輪

ヤマモガシ科　リューカデンドロン属

茶色のつぼみがスプレー状につ
き、開花前の状態で流通。南ア
フリカ原産の常緑低木。2〜3
本を束ねて吊るし、乾かす。乾
いてくるとつぼみが開いて薄茶
色で刷毛状の花が咲く。

Dried

ピスタキア
（普及種）
枝もの

ウルシ科　ピスタキア属

ナッツでおなじみのピスタチオ
が採れる木。ひと枝ずつ麻ひも
をかけるか、ハンガーに枝を吊
るして乾かす。早く乾くが、繊
細なので葉がぶつかって壊れな
いように注意する。

シンカルファ
（エバーラスティング）
中輪

キク科　シンカルファ属

光沢がある白い花が咲き、葉
や茎もシルバーを帯びる。南ア
フリカ原産で、生花の時から水
分が少ないため、ドライフラワ
ー向き。すぐに乾き、生花の状
態と変わらない。

ヤツデの葉
（普及種）
葉もの

ウコギ科　ヤツデ属

常緑で半日陰でも育つ低木。深い切れ込みがある大きな手のひらのような形。2本を背中合わせにして輪ゴムで束ね、密集しないように吊るして乾かす。アレンジのポイントになる。

ユーカリ
（グニー）
枝もの

フトモモ科　ユーカリノキ属

ユーカリの人気種で、シルバーグリーンの丸い葉が密につく。耐寒性があり、鉢植えでも育てられる。長い枝は30〜50cmで切り分け、間隔をあけて輪ゴムで束ね、乾かす。

ユーカリ
（ニコリー）
枝もの

フトモモ科　ユーカリノキ属

細長い葉が密につき、ミント系のすがすがしい香りがある。強健で鉢でも育てられる。長い枝は30〜50cmで間引くように切り分けて1本ずつ吊るし、間隔をあけて乾かす。

丸葉ユーカリ
（普及種）
枝もの

フトモモ科　ユーカリノキ属

銀白色で小さな丸形の葉がかわいい。葉は密につき、さわやかな香りも魅力。長い枝は30〜50cmで切り分ける。葉と葉の間隔をあけて数本を輪ゴムで束ね、吊るして乾かす。

レモンリーフ
（普及種）
葉もの

ツツジ科　シラタマノキ属

葉がレモンの形に似ているため、この名がある。レモンの木ではなく、柑橘系の香りはしない。2本を輪ゴムで束ね、葉が重ならないように吊るして乾かす。比較的きれいに乾燥する。

ワックスフラワー
（ダンシングクイーン）
小花

フトモモ科　カメラウキウム属

オーストラリア原産で、八重咲きのロウのような花を咲かせる。乾燥しやすく、ドライフラワーに向く。細い葉はあまり落とさず、1枝ずつ切り分けて2〜3本を束ねて吊るす。

ドライフラワーの購入先ガイド

きれいなナチュラルドライフラワーが購入できるショップと、本書で取り扱った資材などの購入先をご紹介します。

美しい花に囲まれたアトリエ。庭の花は大家である田中よね子さんが手入れしている。

ナチュラルドライフラワーが購入できる
おすすめのショップ

■ Rint Dry Flowers
Rint-輪と ドライフラワー
スクール＆アトリエ

四季折々の花が咲く庭に囲まれた、本書の著者のドライフラワー教室とアトリエ。ていねいに下準備され、自然乾燥で作られるナチュラルドライフラワーをはじめ、おしゃれな花器や雑貨が購入できる。

ナチュラルドライフラワーのほか、花器や資材がディスプレイされた店内。

〒183-0021 東京都府中市片町3-18-1
tel&fax 042-310-9615
定休日：毎週月・水曜日、年末年始
＊詳細はインスタグラムでご確認ください。
　Instagram　rint_y
ウェブサイト　https://www.rint.tokyo/

小分けにされたナチュラルドライフラワーやアレンジメントが気軽に購入できる。

■ 東京堂
日本最大の花材や資材の専門店。ネットショップもある。
東京都新宿区四谷2-13（CFLストア）
tel 03-3359-3331（大代表）
https://www.e-tokyodo.com

YouTube東京堂チャンネル「Dried Flowers・知ってほしいドライフラワーのこと」の講師として本書の著者が出演中。

■ farm enn.（ファーム・エン）
生花とドライフラワー、店舗のガーデニングなどを行う。ネットショップあり。
埼玉県入間市上藤沢908　tel 070-6451-0315
info@farm-enn.net
https://farm-enn.net/

■ DRY FLOWER：f3（エフスリー）
美しいナチュラルドライフラワーを扱う。ネットショップあり。
山梨県北杜市高根町村山西割408-1
tel 0551-45-9373　fax 0551-45-9374
https://dryflower-f3.net/

■ ドライフラワー工房ねこじゃらし
自家製で自然乾燥のドライフラワー専門店。ネットショップあり。
栃木県宇都宮市下田原町667-2
tel&fax 028-672-1585
https://www.dfnekojarashi.com/

スクール情報 〈Rint-輪と〉

↓人気の作品や新作が1日で作れる、1dayレッスン。

↑アトリエの教室では、著者から直接、ていねいな指導が受けられる。

←美しい花材と資材一式、詳しい説明が書かれたオリジナルレシピ。

● 定期教室　講師 吉本博美
ベーシッククラス　はじめた月から年10回（1月、8月は休み）
アドバンスクラス　（ベーシッククラスを終了した方）年10回
フリースタイルクラス　（ベーシックとアドバンスクラスを終了した方）
● 1dayレッスン　講師：吉本博美（年2回）　夏か冬に月1回、数日間開催

外部教室 ────

■ コーディネートショップ サニー
広島県広島市西区横川町2-2-22
https://www.instagram.com/_sany32_/
tel 082-295-0095
＊奇数月＋12月の1年間で
　7回開催（日・月曜日）
＊申し込みは2か月ごとに。

■ オレンジスパイス
長崎県諫早市栗面町162-4
http://www.orange-spice.com
https://www.instagram.com/orange_spice_/
tel 0957-22-5151
＊年1回12月に教室を開催と同時期に
　アレンジの展示販売なども。

吉本博美（よしもと・ひろみ）

広島県出身。大手アパレルメーカーでデザイナー、プレスを務めた後、雑貨ブームや高感度なライフスタイルを牽引するDepot39に入社、ドライフラワーの専任講師として活躍。テレビや雑誌などのさまざまなメディアで作品を発表する。2005年、東京・奥沢にて「libellule」ドライフラワーショップと教室を開始し、2015年に府中に移転して「Rint-輪と」をオープン。広島、長崎でも定期講習会を開催するほか、各地で展示会を開催。日本経済新聞「NIKKEIプラス1」でも紹介される。ナチュラルドライフラワーを使った自然に寄り添うアレンジを提案している。

Instagram 　rint_y
https://www.rint.tokyo/

Staff

デザイン	矢作裕佳（sola design）
編集	澤泉美智子（澤泉ブレインズオフィス）
撮影	杉山和行　弘兼奈津子　澤泉ブレインズオフィス
撮影アシスタント	大久保夏子　稲田正江　鎺弘美　村松いな代
撮影協力	田中よね子　市川智章・恵世　高橋昌代 広瀬智子　ANTIQUES CRAFTS Tech²
校正	ケイズオフィス
DTP制作	天龍社

季節の花で手軽に作る

美しく魅せる ナチュラルドライフラワー

2024年11月20日　第1刷発行

著　者	吉本博美
発行者	木下春雄
発行所	一般社団法人 家の光協会 〒162-8448　東京都新宿区市谷船河原町11 電話 03-3266-9029（販売） 　　　03-3266-9028（編集） 振替 00150-1-4724
印刷・製本	株式会社東京印書館

© Hiromi Yoshimoto 2024 Printed in Japan
ISBN 978-4-259-56819-1 C0061